高处施工机械设施安全实操手册

中国建筑业协会建筑安全分会
北京康建建安建筑工程技术研究有限责任公司 编写

中国建筑工业出版社

图书在版编目(CIP)数据

高处施工机械设施安全实操手册/中国建筑业协会建筑
安全分会,北京康建建安建筑工程技术研究有限责任公
司编写. —北京:中国建筑工业出版社,2016.2
  ISBN 978-7-112-18689-1

  Ⅰ.①高… Ⅱ.①中…②北… Ⅲ.①施工机械-安全
技术-技术手册 Ⅳ.①TH2-62

  中国版本图书馆 CIP 数据核字(2015)第 265712 号

本书共分八章,分别对当前在施工现场应用较多的附着式升降脚手
架、高处作业吊篮、爬升模板和滑升模板、升降式物料平台、升降式施工
作业平台、升降式施工防护棚、升降式施工爬梯以及外挂防护架等建筑施
工高处作业机械设施,阐述其施工安全作业注意事项、危险源辨识以及事
故隐患排查治理等安全生产管理和操作技能知识。

本书由中国建筑业协会建筑安全分会和北京康建建安建筑工程技术研
究有限责任公司组织有关专家编写,可作为广大建筑业企业施工管理人员
和政府建筑安全监管人员的学习用书,也可供相关大专院校和专业培训机
构作教学参考。

＊　　＊　　＊

责任编辑:王华月
责任校对:李美娜 赵 颖

高处施工机械设施安全实操手册

中 国 建 筑 业 协 会 建 筑 安 全 分 会 编写
北京康建建安建筑工程技术研究有限责任公司

＊

中国建筑工业出版社出版、发行(北京西郊百万庄)
各地新华书店、建筑书店经销
北京红光制版公司制版
北京同文印刷有限责任公司印刷

＊

开本:787×1092毫米 1/16 印张:11¾ 字数:290千字
2016 年 3 月第一版   2016年11月第二次印刷
定价:**39.00元**
ISBN 978-7-112-18689-1
(27968)

《高处施工机械设施安全实操手册》
编 委 会

主　　编：张鲁凤

副 主 编：邵长利

编　　委：（按姓氏笔画排序）

王兰英　方永山　乔　登　任占厚　任雁飞

李　平　肖光延　吴　杰　张　颖　郝　元

郝海涛　姜传库　姚　磊　栾启亭　郭　君

喻惠业

编写人员：（按姓氏笔画排序）

马千里　马志远　王　启　王建华　王静宇

尹正富　邓一兵　卢希峰　兰军利　闫　妍

闫丽娜　邬　平　刘建国　江　薇　汤玉军

孙　冰　孙俊伟　杜秀龙　杜海滨　李睿智

沈　珑　张　蕊　陈燕鹏　幸超群　赵子萱

秦国润　高　蕊　高永虎　郭　君　彭　展

喻惠业　解金箭　熊　琰

封面题字：张　蕊

前　言

近年来，随着我国高层、超高层建筑施工的不断增多，越来越多的新型建筑施工高处作业机械设施得到了研发和推广应用，有效地推动了建筑施工科技进步，提高了施工劳动生产率，促进了节能降耗减排。但是，有的地区也出现了由于劣质的高处作业机械设施进入施工现场，加上日常检查和维修保养不善，以及违章指挥、违章作业等原因，导致发生了一些建筑施工伤亡事故。

本书通过对近些年来建筑施工高处作业机械设施安全应用实践经验和教训的总结，剖析典型事故案例，紧密联系施工现场实际，从进场查验、安装拆卸、使用前验收、作业管理、日常检查、维修保养等重要环节入手，采用图文并茂的方式，力求使全书通俗易懂、形象直观且实用性、可操作性强，以帮助广大建筑业企业施工人员学习掌握建筑施工高处作业机械设施的基本原理知识和安全实操技能，促进建筑安全监管人员提高相应的监督能力，更好地推动建筑施工科技进步，提高建筑施工安全生产管理水平，保障施工现场及相关人员的人身财产安全。

本书共分八章，分别对当前在施工现场应用较多的附着升降脚手架、高处作业吊篮、爬升模板和滑升模板、升降式物料平台、升降式施工作业平台、升降式施工防护棚、升降式施工爬梯以及外挂防护架等建筑施工高处作业机械设施，阐述其施工安全作业注意事项、危险源辨识以及事故隐患排查治理等安全生产管理和操作技能知识。

本书由中国建筑业协会建筑安全分会、北京康建建安建筑工程技术研究有限责任公司组织有关专家编写，可作为广大建筑业企业施工管理人员和政府建筑安全监管人员的学习用书，也可供相关大专院校和专业培训机构教学参考。本书虽经反复推敲，仍难免有不妥之处，恳请广大读者提出宝贵意见。

《高处施工机械设施安全实操手册》编委会

2015 年 12 月

目　　录

第一章 附着式升降脚手架

第一节 概　述

一、附着式升降脚手架的发展概况

脚手架是建筑施工的重要工具。在 20 世纪中期以前，我国以低层建筑（1～3 层）居多，脚手架普遍采用楠竹、树木绑扎搭设。到了 20 世纪 60 年代，我国的多层建筑（4～6层）不断增多，竹、木脚手架已难以满足施工及安全需要。在此背景下我国研究和开发了多种形式的脚手架，其中扣件式钢管脚手架具有加工简便、搬运方便、通用性强等优点，成为当时一段时期内我国使用量最多、应用最普遍的一种脚手架。20 世纪 70 年代，我国的建筑不断向高处发展，楼房设计也由多层向高层（10 层以上）转变，对脚手架的适用性和安全性要求更加严格。我国先后从日本、美国、英国等国家引进门式脚手架体系，在一些高层建筑施工中广泛应用。20 世纪 80 年代初期，国内一些生产厂家开始仿制门式脚手架，并大量进行推广应用。

20 世纪 90 年代，我国的高层、超高层建筑（100m 以上）如雨后春笋般迅猛发展，扣件式钢管脚手架、门式脚手架因其安全性、施工工效、经济性以及最大搭设高度所限，已不能很好地满足高层建筑施工的需要。为有效解决高层、超高层建筑施工需要，国内部分企业研发出一种搭设一定高度并附着于工程结构上，依靠自身的升降设备和装置，可随工程结构逐层爬升或下降，具有防倾覆、防坠落装置的外脚手架，即"附着式升降脚手架"（俗称"爬架"）。该型脚手架实现了架体始终跟随施工的需要进行提升或下降，从而实现了在正常的使用阶段无需重复对架体进行搭拆。与钢管落地架、悬挑架等传统架体相比，具有高处作业量大大减少，节约周转材料使用量，而且安全便捷、外形美观等优势（图 1-1-1）。

(a)　　　　　　　　(b)　　　　　　　　(c)

图 1-1-1　落地式脚手架、附着式升降脚手架、全集成附着式升降脚手架使用实例

(a) 落地式脚手架；(b) 附着式升降脚手架；(c) 全集成附着式升降脚手架

1994 年，"新型模板和脚手架应用技术"被建设部定为建筑业重点推广应用 10 项新技术之后，新型脚手架的研究开发和推广应用取得了重大进展。附着式升降脚手架由最初的以手拉葫芦为动力进行升降、结构简陋、附着和防坠性能欠佳的原始形态，经过不断地研发改进，其防坠、附着、升降动力和控制技术日趋成熟，已发展成为具备可靠的防坠、有探测荷载变化防止超载和欠载控制装置，以及采用有线或无线遥控装置的先进施工设备，成为了当前高层建筑、超高层建筑外墙施工的首选设备。

近年来，高层建筑在施工过程中脚手架火灾事故时有发生，给人们生命和财产带来巨大的损失。为有效地减少脚手架火灾事故的发生，近几年部分企业在原有附着式升降脚手架的基础上予以创新，研发出通过工厂标准化生产定型杆件、脚手板、外钢网等代替传统钢管扣件、普通竹木脚手板，在现场进行拼装的全金属附着式升降脚手架，又名全集成附着式升降脚手架。全集成附着式升降脚手架满足了业内对安全、文明、标准化施工的更高需求，是附着式升降脚手架未来重要的发展方向之一。

不同脚手架的性价比是施工企业选择脚手架的重要参考指标，表 1-1-1 所示为目前高层、超高层建筑施工常用的几种脚手架性价对比。

悬挑式脚手架、附着式升降脚手架、全集成附着式升降脚手架性价对比　表 1-1-1

序号	类别	悬挑式脚手架	附着式升降脚手架	全集成附着式升降脚手架
1	防护性能	脚手板、安全网等空隙、破损概率极大，防护性能差	脚手板、安全网等空隙、破损概率大，防护性能较差	脚手板、安全网等均为全钢设计，破损概率小，严密、可靠，防护性能好
2	消防安全	有较大消防安全隐患	有较大消防安全隐患	无消防安全隐患
3	操作便利性	反复搭拆，操作费工、费时	搭拆量少，操作便利性较好	装拆方便，操作便利
4	施工管理	维护范围大，使用材料多，管理难度大	管理难度较大	产品标准化，管理难度较小
5	周转材料使用	钢管、扣件等周转材料使用量大，材料质量难保证，安全隐患大	钢管、扣件等周转材料使用量较大，其质量难保证，具有一定的安全隐患	无须使用周转材料，产品工厂化生产，实现了标准化，材料质量有保证
6	高空作业量	高空作业量多	很少	很少
7	文明形象	一般	较好	形象好

二、附着式升降脚手架的常见种类及基本构造原理

（一）常见种类

1. 按照附着形式划分

根据附着形式不同，现常用的附着式升降脚手架分为如下几种：

（1）导座式附着升降脚手架

附着支座固定于结构上，导轨与架体连接，承传力、导向、防倾共用导向座的附着支承形式，如图 1-1-2、图 1-1-3。

图 1-1-2 导座式附着升降脚手架实例 1　　　图 1-1-3 导座式附着升降脚手架实例 2

（2）导轨式附着升降脚手架

将导轨固定在建筑物上，支座与架体连接，沿着导轨升降，承传力采用钢索、钢拉杆等专用构件，导向、防倾共用导轨的附着支承形式，如图 1-1-4。

（3）挑梁式附着升降脚手架

架体悬吊于带防倾导轨的挑梁上（挑梁固定于工程结构），架体沿着导轨升降的脚手架，如图 1-1-5。

 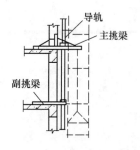

图 1-1-4 导轨式附着升降脚手架实例　　　图 1-1-5 挑梁式附着升降脚手架示意

（4）吊轨式附着升降脚手架

导轨连接于架体上，结构上安装防倾、导向装置，导轨顺着防倾覆装置进行上下运动实现升降，使用工况通过斜拉钢丝或拉杆将架体荷载传递至结构的脚手架，如图 1-1-6、1-1-7。

（5）互爬式升降脚手架

架体与导轨可以相互独立运动。架体升降时，利用导轨将荷载传递结构，架体升降到位后将架体固定并将荷载传递至结构，利用架体将导轨进行升降。

2. 按照升降动力形式划分

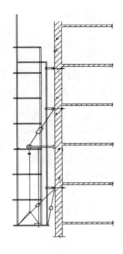

图 1-1-6　吊轨式附着升降脚手架构造　　　　图 1-1-7　吊轨式附着升降脚手架实例

根据升降动力形式不同，附着式升降脚手架可分为：

（1）手动式（采用手拉环链葫芦）。

（2）电动式（采用电动环链葫芦），如图 1-1-8。

（3）卷扬式（采用电动卷扬设备）。

（4）液压式（采用液压动力设备），如图 1-1-9。

图 1-1-8　电动式附着升降脚手架实例　　　　图 1-1-9　液压式附着升降脚手架实例

目前，以电动环链葫芦为提升动力设备的应用最为广泛，液压的极少数使用，手动和卷扬式基本不再使用。

3. 按照架体布置形式划分

根据架体布置形式不同，附着式升降脚手架可分为：

（1）单跨式：仅有两个提升装置并独自升降的附着式升降脚手架；

（2）整体式：有三个以上提升装置的连跨升降的附着式升降脚手架。

4. 按照架体构配件工厂预制标准化程度划分

根据架体构配件工厂预制标准化程度不同，附着式升降脚手架可分为：

（1）传统式：架体主框架、水平桁架等架体主构件采用工厂预制，现场将主构件组装后，其余架体构架部分采用扣件、钢管进行搭设，操作层铺设通用脚手板、外挂密目安全网的附着式升降脚手架。

（2）全集成附着式升降脚手架：除主构件外包括立杆、脚手板、外侧防护网等各构配件全部采用标准化设计、工厂预制，施工现场进行拼装而成的全金属附着式升降脚手架，如图 1-1-10、图 1-1-11 所示。

图 1-1-10　全集成附着式升降脚手架构造　　图 1-1-11　全集成附着式升降脚手架使用外观

（二）基本构造及原理

1. 基本构造

不同企业生产的附着式升降脚手架虽有不同的特征，但其构造基本相同，可归纳为由以下八部分构成（图 1-1-12）。

（1）架体主结构

如图 1-1-13 所示，附着式升降脚手架架体主结构由竖向主框架、水平支承桁架组成。

1）竖向主框架

竖向主框架是附着式升降脚手架架体结构主要组成部分，垂直于建筑物外立面，并与附着支承装置连接，主要承受、传递竖向和水平荷载，并通过附着支承装置将荷载传递给工程结构。

按照主框架构造框形式可分为：

单片式主框架：如图 1-1-14（a），常采用偏心受力形式进行升降，架体整体刚度较强。

空间桁架式主框架：如图 1-1-14（b），由两个片式结构组成的格构柱式框架，多采用挑梁、悬吊架体等中心受力形式进行升降，每个机位处仅架体外侧整体连接，内排纵向水平杆、脚手板等均断开，架体整

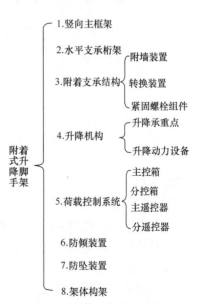

图 1-1-12　附着式升降脚手架构造

5

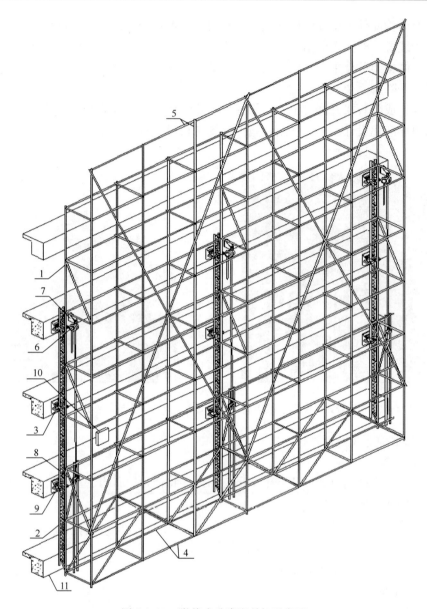

图 1-1-13　附着式升降脚手架示意图

1—竖向主框架；2—导轨；3—附墙支座（含防倾覆、防坠落装置）；4—水平桁架；5—架体构架；
6—升降设备；7—升降上吊挂件；8—升降下吊点（部分厂家含荷载传感器）；9—定位装置；
10—同步控制装置；11—工程结构

体刚度相对较弱。

2）水平支承桁架

水平支承桁架是附着式升降脚手架架体结构的组成部分，主要承受架体竖向荷载，并将竖向荷载传递至竖向主框架的水平支承结构。

（2）附着装置

直接或通过转换装置间接附着于工程结构上，并与竖向主框架相连接，承受并传递脚手架荷载的支承结构。

（3）升降装置

升降装置包括承重点（分为上承重点、下承重点）、环链提升机、液压设备等。

1）上承重点：也称吊挂件，升降过程中用于挂设环链提升机（电动葫芦）的专用构件。分为独立直接固定于结构和固定于事前固定于结构的导轨上两种形式。提升时一般固定在结构施工的下一层位置，下降时设置于架体底部所在层位置。

2）下承重点：与架体连接在一起，架体升降过程中用于挂设环链提升机下钩，通过葫芦转动实现架体升降的构件。

3）环链提升机：俗称葫芦（分为手动式、电动式，常用的是电动式），是附着式升降脚手架实现架体提升、下降的动力设备之一。

4）液压设备：是液压式附着升降脚手架中，实现架体提升、下降的动力设备。

（4）荷载控制系统

电控系统是用于控制升降用电动环链提升机或液压设备动作的电路控制设备。控制箱是升降架的电气控制系统的中枢，包括主控箱和分控箱两种，安装于架体的第三步，分别设置于架体分组端头和每榀主框架位置，通过控制箱将三相380V的电源输送到每台电动葫芦，同时对每个机位反馈回来的数据信号进行分析，对超过标准值的危险信号实施收集、处理，发出联动命令切断整组升降架的主电路电源，并以声光报警形式显示其故障部位，直至故障排除。

1）主控箱：具有断相、错相、故障报警及切断主电路电源的功能，如图1-1-15。

2）分控箱：控制每个机位的动力电源，并能进行顺、逆转换，具有单独开关电源、故障报警及切断电源的功能，如图1-1-16。

3）遥控发射器：与接收器配合使用，实现对架体提升、下降和停止状态的控制，如图1-1-17。

（5）安全装置

安全装置主要包括防坠落装置、防倾覆装置、同步升降控制装置。

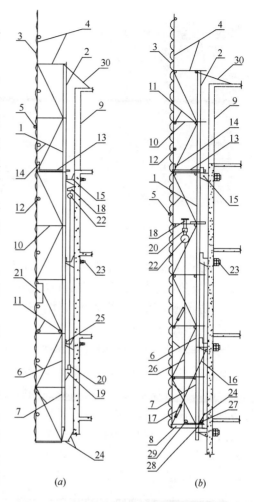

(a)　　　　(b)

图1-1-14　两种不同主框架的架体断面构造

(a) 单片式竖向主框架；(b) 空间桁架式竖向主框架

1—竖向主框架；2—导轨；3—密目安全网；4—架体；5—剪刀撑（45°～60°）；6—立杆；7—水平支承桁架；8—竖向主框架底部托盘；9—正在施工层；10—架体横向水平杆；11—架体纵向水平杆；12—防护栏杆；13—脚手板；14—作业层挡脚板；15—附墙支座（含导向、防倾装置）；16—吊拉杆（定位）；17—花篮螺栓；18—升降上吊挂点；19—升降下吊挂点；20—荷载传感器；21—同步控制装置；22—电动葫芦；23—锚固螺栓；24—底部脚手板及密封翻板；25—定位装置；26—升降钢丝绳；27—导向滑轮；28—主框架底部托座与附墙支座临时固定连接；29—升降滑轮；30—临时拉结

图 1-1-15 主控箱

图 1-1-16 分控箱

图 1-1-17 主遥控器、分遥控器

1）防坠落装置：是指架体在升降或使用工况下，出现意外快速下降时，及时起制动作用，有效防止架体继续坠落的制动装置。

2）防倾覆装置：是指防止架体在升降或使用工况下发生倾覆的装置。

3）同步升降控制装置：

同步升降控制装置是附着式升降脚手架升降过程控制同步运行的安全监测机构，可分为限制荷载自控系统和水平高差同步控制系统。

限制荷载自控系统，是将荷载控制装置串接在电动葫芦和架体控制箱之间，主要用于监测升降架在升降过程中出现各机位升降速度不均匀状况时，将这种高差转变成相应高低的电信号传送至控制箱内控制处理单元，控制箱对信号进行分析对比；当超过设定的安全值后，输出故障信号并联动报警或切断主电路电源自动停机（超过设计值的 15％时报警，超过 30％时切断主电路电源自动停机），达到保障升降架在可控的安全范围内运行的目的。接收器与遥控发射器配合使用，实现对架体提升、下降和停止状态的控制。

水平高差同步控制系统，是将水平高差控制装置安装在架体各机位处，并将信号源与控制箱内控制元件相连，主要用于监测升降架在升降过程中出现各机位升降速度不均匀状况时，将这种高差变化数据传送至控制箱内控制处理单元；控制箱对信号进行分析对比，当超过设定的安全值（水平桁架两端高差达到 30mm）后，输出故障信号，切断主电路电源自动停机，达到保障升降架在可控的安全范围内运行的目的。

（6）架体构架

架体构架也称工作脚手架，位于相邻两榀竖向主框架和水平支承桁架之上，通常采用扣件钢管搭设的架体，是传统附着式升降脚手架架体结构的主要组成部分之一，也是施工作业平台。

三、附着式升降脚手架的相关标准介绍

附着式升降脚手架当前所执行的是由住房城乡建设部颁布的行业标准《建筑施工工具式脚手架安全技术规范》（JGJ 202）。该规范分别从附着式升降脚手架设计、构造、安装、升降、使用、拆除和管理、验收等几个方面作了明确的规定。

1. 设计计算基本规定

附着式升降脚手架的设计应符合现行国家标准《钢结构设计规范》（GB 50017）、《冷弯薄壁型钢结构技术规范》（GB 50018）、《混凝土结构设计规范》（GB 50010）以及其他相关标准的规定。

附着式升降脚手架架体结构、附着支承结构、防倾覆、防坠落装置的承载能力，应按概率极限状态设计法的要求，采用分项系数设计表达式进行设计，并应对竖向主框架、水平支承桁架、脚手架架体构架、附着支承结构的各构件的强度和压杆的稳定以及附着支承结构穿墙螺栓、螺栓孔处混凝土局部承压、连接节点分别进行计算。

2. 结构构造的尺寸应符合下列规定

（1）架体高度不得大于 5 倍楼层高；（2）架体宽度不得大于 1.2m；（3）直线布置的架体支承跨度不得大于 7m，折线或曲线布置的架体，相邻两主框架支撑点处的架体外侧距离不得大于 5.4m；（4）架体的水平悬挑长度不得大于 2m，且不得大于跨度的 1/2；（5）架体全高与支承跨度的乘积不得大于 110m²。

3. 安装时应符合下列规定

（1）相邻竖向主框架的高差不应大于 20mm；（2）竖向主框架和防倾导向装置的垂直偏差不应大于 5‰，且不得大于 60mm；（3）预留穿墙螺栓孔和预埋件应垂直于建筑结构外表面，其中心误差应小于 15mm；（4）连接处所需的建筑结构混凝土强度应由计算确定，但不应小于 C10；（5）升降机构连接应正确且牢固可靠；（6）安全控制系统的设置和试运行效果应符合设计要求；（7）升降动力设备工作正常。

4. 附着式升降脚手架升降时应符合的规定

附着式升降脚手架每次升降前，应按规范（JGJ 202）附表"附着式升降脚手架提升、下降作业前检查验收表"的规定进行检查，经检查合格后，方可进行升降。

附着式升降脚手架的升降操作应符合下列规定：（1）升降作业程序和操作规程；（2）操作人员不得停留在架体上；（3）升降过程中不得有施工荷载；（4）所有妨碍升降的障碍物应已拆除；（5）所有影响升降作业的约束应已拆开；（6）各相邻提升点间的高差不得大于 30mm，整体架最大升降差不得大于 80mm。

5. 附着式升降脚手架使用时应符合的要求

附着式升降脚手架应按设计性能指标进行使用，不得随意扩大使用范围；架体上的施工荷载应符合设计规定，不得超载，不得放置影响局部杆件安全的集中荷载。

架体内的建筑垃圾和杂物应及时清理干净。

附着式升降脚手架在使用过程中不得进行下列作业：（1）利用架体吊运物料；（2）在架体上拉结吊装缆绳（或缆索）；（3）在架体上推车；（4）任意拆除结构件或松动连接件；（5）拆除或移动架体上的安全防护设施；（6）利用架体支撑模板或卸料平台；（7）其他影响架体安全的作业。

6. 拆除

附着式升降脚手架的拆除工作应按专项施工方案及安全操作规程的有关要求进行；应对拆除作业人员进行安全技术交底及各项安全保障措施。

7. 管理

工具式脚手架安装前，应根据工程结构、施工环境等特点编制专项施工方案，并应经总承包单位技术负责人审批、项目总监理工程师审核后实施。

总承包单位必须将工具式脚手架专业工程发包给具有相应资质等级的专业队伍，并应签订专业承包合同，明确总包、分包或租赁等各方的安全生产责任。

施工现场使用工具式脚手架应由总承包单位统一监督，并应符合下列规定：（1）安装、升降、使用、拆除等作业前，应向有关作业人员进行安全教育，并应监督对作业人员的安全技术交底；（2）应对专业承包人员的配备和特种作业人员的资格进行审查；（3）安装、升降、拆卸等作业时，应派专人进行监督；（4）应组织工具式脚手架的检查验收；（5）应定期对工具式脚手架使用情况进行安全巡检。

监理单位应对施工现场的工具式脚手架使用状况进行安全监理并应记录，出现隐患应要求及时整改。

8. 验收

附着式升降脚手架首次安装完毕、提升或下降前、提升或下降到位、投入使用前，均应进行检查验收。

第二节　附着式升降脚手架的进场查验

《建设工程安全生产管理条例》第34条规定："施工单位采购、租赁的安全防护用具、机械设备、施工机具及配件，应当具有生产许可证或制造许可证、产品合格证，并在进入施工现场前进行查验"。附着式升降脚手架的设备构件进场时应对其质量进行查验，目的是将不合格品控制在使用之前，从源头把好质量关。应当注意，在签订合同前应对供应方的生产能力、技术能力等进行实地考察。

一、附着式升降脚手架进场查验的基本方法

（一）对供应方（租赁方）的产品考察（进场查验）

对供应方（租赁方）的产品考察，是产品进场前的管控措施之一，有利于从源头把控产品的质量及供应时间，确保项目施工质量、进度及安全技术需求。对产品考察可由项目部采购、技术、质检、安全等部门人员共同前往供应方（租赁方）生产基地实地考察，考察时应重点了解如下几个方面内容：

1. 了解供应方的产品是否与其所具有资质匹配

《建设工程安全生产管理条例》第16条规定，"出租的机械设备和施工机具及配件，应当具有生产（制造）许可证、产品合格证。出租单位应当对出租的机械设备和施工机具及配件的安全性能进行检测，在签订租赁协议时，应当出具检测合格证明。禁止出租检测不合格的机械设备和施工机具及配件。"据此，应当了解查验供应方（租赁方）所出租的机械设备和施工机具及配件是否具有生产（制造）许可证、产品合格证，是否对其作了安全性能检测，并核实检测结果。

2. 考察供应方的实力是否满足需求

（1）考察供应方的产品库存数量

供应方的产品库存数量和生产能力是直接关系到能否按期、按质、按量供给的关键因素，在现场考察时应逐一了解清楚。

（2）考察供应方的主要设备

供应方的生产设备数量是产品所需数量的保障；生产设备的精度是产品质量的保障；供应方产品的检验检测设备，是产品出厂合格率的重要影响因素。这些在考察时须重点了解清楚。

（3）考察供应方技术、管理能力，包括所编制的施工技术方案的完整性、可操作性及优越性。

（4）考察供应方后期服务能力，包括施工过程中驻现场人员的数量和技术管理能力、服务方式和服务理念能否满足客户需求。

（二）进场查验的组织

产品进场查验是指用一定的检测手段（包括检查、测试、试验），按照规定的程序对样品进行检测，并比照一定的标准要求判定样品的质量等级。对附着式升降脚手架材料的检验，主要有附着式升降脚手架生产单位（出租）提供的专用设备构件、钢管、扣件、脚手板等通用构配件。

现场设备进场查验应由总包单位负责组织，监理、设备供应等单位有关人员共同参与。

（三）进场查验的相关工具及评判方法

在现场进行产品质量查验的方法有目测法、实测法和试验法三种。

1. 目测法

评判方法可归结为看、摸、敲、照四个字。看，就是外观目测，要对照有关质量标准进行观察；摸，就是手感检查；敲，就是运用工具进行音感检查；照，就是对于人眼高度以上部位的产品上面、缝隙较小伸不进头的产品背面，均可采用镜子反射的方法进行检查，对封闭后光线较暗的部位可用灯光照射检查。

查验工具主要是小锤、手电等。

2. 实测法

实测法就是通过实测数据与设计、方案、规范要求及质量标准所规定的允许偏差进行对照，判断质量是否合格。

评判方法可归结为靠、量、吊、套四个字。靠，是测量平整度的手段；量，用工具检查；吊，用线坠吊垂直度；套，以方尺套方，辅之以塞尺检查。

检查工具主要是卷尺、靠尺、塞尺、线坠等。

3. 试验法

试验法是指必须通过试验手段才能对产品质量进行评判的检查方法。比如，焊缝内在质量、构件的抗拉强度等，需要专用设备进行试验才能评判。

查验工具主要是无损探伤（X射线、超声波等）设备、拉力试验设备等。

二、附着式升降脚手架进场查验的主要内容

（一）相关资料的进场查验

材料进场，总包单位的材料验收人员应对进场产品相关质量证明资料进行查验。

1. 产品合格证查验

主要是查验进场设备与所附产品合格证明文件是否一致，查验合格证明文件资料是否齐全。

2. 产品检测资料的查验

主要是查验须进行检测的设备是否具有检测资料（比如钢管、扣件理化试验报告）；查验检测报告与进场的设备构件是否匹配；查验出具检测报告的真伪（可通过网络或电话查询检测机构是否具备法定资格）；查验检测报告是否超过有效期。

（二）外观、连接节点、尺寸允许偏差的进场查验

依据相关法律、法规的规定和产品设计图纸等，对进场产品外形、连接点等通过目测的方式，进行表观质量初步评判；通过尺量等实测法，收集相关数据并与其对应的允许偏差值对照，对进场产品质量作进一步评判。对通过目测和实测法无法作出最终质量评判的产品，可查验产品合格证等质量证明资料并与实物进行核实，当对质量证明资料存在质疑时，应对进场设备材料现场抽样送至具有相应检测资质的机构进行检测，作终质量评判。

（三）安全装置的进场查验

安全装置是防止或减小安全事故的重要装置，进场查验环节对后期施工安全起着至关重要的作用，除按上述进行质量检查外还须注意如下几点：

1. 查验安全装置数量是否满足设计方案。

2. 查验安全装置的转动部件是否能灵活转动，不该加油的部位是否有油污（比如刹车片表面不能有油污）等。

3. 查验安全装置与相关架体构件的匹配性及匹配度。

第三节　附着式升降脚手架施工现场的安装和拆卸

附着式升降脚手架在开始安装时，安装人员刚入场对现场环境不太熟悉、操作技能不熟练、对产品的特性尚未掌握，以及现场堆放材料多、各工种人员陆续入场等诸多不安全因素并存，且各相关管理机制及人员尚未完善；架体拆卸期间，会出现拆卸人员及管理人员的思想容易松懈，结构周边地面水电等各工种作业人员较多，结构施工人员退场、装修施工人员入场的状态，甚至可能出现主体与装修队伍进行交接时安全管理处于空白的情况。这些情况又是直接影响着附着式升降脚手架施工安全的重要因素。因此，施工前须根据现场实际情况编制施工方案和采取有效的安全保障措施。

一、附着式升降脚手架的安装基本程序

（一）安装前的准备工作

1. 编制专项施工方案和安全技术交底

依据《建设工程安全生产管理条例》及《危险性较大的分部分项工程安全管理办法》（建质〔2009〕87号文）规定，施工单位应当在使用附着式升降脚手架施工前编制专项方案，对于超过一定规模的脚手架工程还需组织专家对方案进行论证。建筑工程实行施工总承包的，专项方案应当由施工总承包单位组织编制；实行专业工程分包的，其专项方案可由专业承包单位组织编制。

专项方案应当由施工单位技术部门组织本单位施工技术、安全、质量等部门的专业技术人员进行审核。经审核合格的，由施工单位技术负责人签字。实行施工总承包的，专项方案应当由总承包单位技术负责人及相关专业承包单位技术负责人签字。不需专家论证的专项方案，经施工单位审核合格后报监理单位，由项目总监理工程师审核签字。提升高度超过150m的附着式升降脚手架专项方案，应当由施工单位组织召开专家论证会。实行施工总承包的，由施工总承包单位组织召开专家论证会。施工单位应当根据论证报告修改完善专项方案，并经施工单位技术负责人、项目总监理工程师、建设单位项目负责人签字

后，方可组织实施。实行施工总承包的，应当由施工总承包单位、相关专业承包单位技术负责人签字。专项方案实施前，编制人员或项目技术负责人应当向现场管理人员和作业人员进行安全技术交底。

2. 检查安装场地及施工作业条件

如果采用地面部分组装后再在工作面进行吊装方案时，地面组装场地需具备如下条件：（1）地面空间满足组装及堆放需要；（2）地面平整且经过硬化或铺设碎石，不宜直接在土面上作业；（3）地面组装场地应在塔吊有效覆盖范围内，如出现塔吊无法覆盖且无其他合适场地时，应使其他吊装设备（如汽车吊）能顺利进入和安全作业；（4）安装作业面搭设有操作平台，满铺并固定好脚手板，外侧设置防护栏杆和挂设防护网。

3. 检查安装工具设备及劳保用品

重点是检查组装时所需要的与之匹配的相应型号及数量的扳手等操作工具；检查卷尺、线坠、靠尺等安装质量检查工具；检查安全帽、安全带等劳动保护用品质量是否符合要求，数量是否满足人人配置的要求。

4. 清点核对待装构件

重点是根据图纸及方案清点核实预制加工的构配件型号、数量是否符合施工需要；清点核对进行组装连接所需的螺栓、螺母等标准件，型号匹配、数量够用；清点核对吊装时所需要的连接架体和结构的导轨、支座等附着装置。

（二）安装作业基本程序

1. 总体安装作业要求

附着式升降脚手架的安装结果是架体能否正常提升、安全使用的关键。所以，安装前须做好充分的准备，安装中有专门机构及人员负责全过程的技术指导和安全管理，安装完成后要进行验收，合格后方允许提升使用。

为确保实现总体安全作业要求，需落实好如下内容的工作：（1）方案通过审核并严格按方案施工；（2）所有构配件质量符合要求；（3）安装作业的安全防护设备、设施齐全可靠；（4）安装进度满足施工防护及架体安全；（5）安装过程中有专业人员指导；（6）项目设有安全管理机构并配备专职安全管理人员进行全程监管，及时制止和纠正违章指挥、违章操作、违反劳动纪律等"三违行为"；（7）作业人员安全防护用品配置及穿戴符合安全要求。

2. 主构件安装

附着式升降脚手架主构件主要是指水平桁架和主框架。

主构件安装时需利用安装平台予以辅助，并做好如下的管控：（1）附着式升降脚手架在首层安装前应设置安装平台，安装平台应有保障施工人员安全的防护设施，安装平台的水平精度和承载能力应满足架体安装的要求；（2）当架体升降采用中心吊时，在悬臂梁行程范围内竖向主框架内侧水平杆去掉部分的断面，应采取可靠的加固措施；（3）主框架内侧应设有导轨；（4）架体构架的立杆底端应放置在上弦节点各轴线的交汇处；（5）当水平支承桁架不能连续设置时，局部可采用脚手架杆件进行连接，但其长度不得大于2.0m，且应采取加强措施，确保其强度和刚度不得低于原有的桁架；（6）相邻竖向主框架的高差不应大于20mm；（7）竖向主框架和防倾导向装置的垂直偏差不应大于5‰，且不得大于60mm。

3. 附着装置安装

附着装置是承担架体荷载并将架体荷载有效传递至结构的重要装置，不仅要求附着装置本身可靠，且附着处的结构及将附着装置与结构连接的螺栓紧固构件须同时可靠有效，方可保障架体安全。

安装过程中应做好如下防控措施：（1）附着装置安装前应检查预埋孔或预埋件位置是否准确，其中心误差应小于 15mm；（2）检查预留穿墙螺栓孔和预埋件，应垂直于建筑结构外表面；（3）检查拟安装附着装置的部位结构表面是否平整；（4）检查附墙支座支承在建筑物上连接处的混凝土强度应按设计要求确定，且不得小于 C10；（5）竖向主框架所覆盖的每个楼层处应设置一道附墙支座；（6）安装附墙支座受拉螺栓的螺母不得少于两个或采用弹簧垫圈加单螺母，螺杆露出螺母端部的长度不应少于 3 扣，并不得小于 10mm，垫板尺寸应由设计确定，且不得小于 100mm×100mm×10mm；（7）附着装置安装合格后，立即安装承力扣件或调紧承力支撑杆等，以将架体荷载有效传递到各结构。

4. 防坠落装置安装

防坠落装置是附着式升降脚手架必须配置的不可缺少的构件之一，是架体出现异常而发生下坠时有效制动，防止架体发生坠落事故的关键构件。

《建筑施工工具式脚手架安全技术规范》（JGJ 202—2010）第 4.5.3 条规定，防坠落装置必须符合下列规定：（1）防坠落装置应设置在竖向主框架处并附着在建筑结构上，每一升降点不得少于一个防坠落装置，防坠落装置在使用和升降工况下都必须起作用；（2）检查防坠落装置是否灵敏可靠和转动灵活；（3）当采用钢吊杆式防坠落装置时，钢吊杆规格应由计算确定，且不应小于 $\Phi 25mm$。

5. 升降装置安装

附着式升降脚手架的升降装置是保障架体正常升降的重要装置，包括升降动力设备、上下承重点两大部分。所安装的动力设备必须合格，安装承重点处结构必须可靠。

6. 同步控制系统安装

同步控制系统是指在架体升降中控制各升降点的升降速度，使各升降点都能达到荷载或高差在设计范围内、控制各点相对垂直位移的装置。

《建筑施工工具式脚手架安全技术规范》（JGJ 202—2010）第 4.5.4 条规定，附着式升降脚手架升降时，必须配备有限制荷载或水平高差的同步控制系统。连续式水平支承桁架，应采用限制荷载自控系统；简支静定水平支撑桁架，应采用水平高差同步自控系统；当设备受限时，可选择限制荷载自控系统。

7. 架体构架安装

架体构架是指采用钢管杆件搭设的位于相邻两竖向主框架之间和水平支承桁架之上的架体，是附着式升降脚手架架体结构的组成部分。

架体构件的安装，应符合如下要求：（1）架体构架宜采用扣件式钢管脚手架，其结构构造应符合现行行业标准《建筑施工扣件式钢管脚手架安全技术规范》（JGJ 130）的规定；（2）架体构架应设置在两竖向主框架之间，并应以纵向水平杆与之相连，其立杆应设置在水平支承桁架的节点上；（3）水平支承桁架最底层应设置脚手板，并应铺满铺牢，与建筑物墙面之间也应设置脚手板全封闭，宜设置可翻转的密封翻板；（4）在脚手板的下面应采用安全网兜底；（5）架体悬臂高度不得大于架体高度的 2/5，且不得大于 6m。

8. 架体防护部分安装

附着式升降防护部分，包括架体外立面防护、架体分组等断开部位端部、架体分组间和架体与结构间水平空洞的防护等。

附着式升降脚手架的安全防护措施应符合下列规定：（1）架体外侧应采用密目式安全立网全封闭，密目式安全立网的网目密度不应低于 2000 目/100cm²，且应可靠地固定在架体上；（2）作业层外侧应设置 1.2m 高的防护栏杆和 180mm 高的挡脚板；（3）作业层应设置固定牢靠的脚手板，其与结构之间的间距应满足《建筑施工扣件式钢管脚手架安全技术规范》（JGJ 130）的相关规定。

（三）安装后的自检与调试

《建设工程安全生产管理条例》第 17 条规定："施工起重机械和整体提升脚手架、模板等自升式架设设施安装完毕后，安装单位应当自检，出具自检合格证明，并向施工单位进行安全使用说明，办理验收手续并签字"。第 35 条规定："施工单位在使用施工起重机械和整体提升脚手架、模板等自升式架设设施前，应当组织有关单位进行验收，也可以委托具有相应资质的检验检测机构进行验收；使用承租的机械设备和施工机具及配件的，由施工总承包单位、分包单位、出租单位和安装单位共同进行验收。验收合格的方可使用"。

依据上述规定，附着式升降脚手架安装完成后，安装单位应先进行自检；自检合格后，由总包单位组织安装单位、使用单位、监理单位共同参与进行首次整体验收，验收合格后方可使用。

二、附着式升降脚手架安装的安全技术措施及注意事项

（一）安全技术措施

安全技术措施是实现安全生产的重要保障。安全技术措施内容十分广泛，由于每个项目、每项工作内容及特点各有差异，在制定安全技术措施时要有针对性，需充分考虑施工作业环境、施工特点等，根据附着式升降脚手架安装阶段实际情况，重点落实好下列安全技术措施：

（1）所有设备构件均检验合格。

附着式升降脚手架所使用的设备构件必须经查验合格后方可使用。设备构件的质量合格与否是所安装架体本质安全保障的关键因素。

（2）附着式升降脚手架安装前应设置安装平台。

安装平台应有保障施工人员的安全防护措施，安装平台的精度、承载力应满足架体安装的要求。

（3）安装过程中严禁进行交叉作业。

特殊情况必须交叉作业时，须使用槽钢或钢管搭设上铺密目网和脚手板的硬质防护棚，以确保施工安全。

（4）安装作业时，在地面应设置围栏和警示标志并派专人看护，任何人不得入内。

（5）架体安装过程中，及时安装附着装置并做好架体悬臂部分与结构间的可靠拉结。

（6）架体安装过程中，及时做好脚手板的铺设并予固定；做好架体分组等断开处端部及架体与结构间空洞的水平防护和立面防护。

（二）安装注意事项

附着式升降脚手架安装阶段，操作人员登高、悬空作业频次较多，安全事故发生概率较高。为防止事故发生，除按上述要求采取安全技术措施外，还应做好如下安全注意事项：

1. 作业人员的基本要求

作业人员应满足如下要求：（1）从事附着式升降脚手架安装的操作人员年满18周岁，具备初中以上文化程度，经过专门培训并经建设主管部门考核合格，取得《建筑施工特种作业人员操作资格证书》，图1-3-1所示；（2）操作人员接受安全教育和技术交底，理解所述内容并履行签字手续；（3）严格按照施工工艺进行操作，施工中严禁出现"三违"即违章指挥、违章操作、违反劳动纪律，确保"三不伤害"即不伤害自己、不伤害他人、不被他人伤害；（4）吊装中，塔吊司机与信号工的信号必须保持畅通不间断，起吊及入位时须缓慢进行，严禁猛起猛落；（5）吊运其他物料时严禁刮碰附着式升降脚手架的设备、构件等；（6）安装作业过程中，操作人员按要求正确佩戴和使用劳动保护用品；（7）安装作业过程中，操作人员佩带工具袋，使用时集中精力防止工具滑脱，使用后将工具放入工具袋中；（8）施工作业过程中不野蛮施工或侥幸冒险作业。

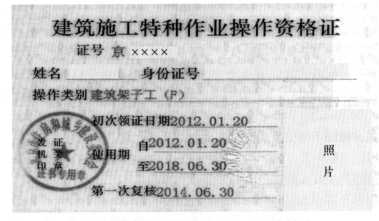

图1-3-1　附着式升降脚手架操作证实例

2. 落实施工现场安全管理措施

施工现场需落实如下主要安全措施：（1）附着式升降脚手架安装单位与使用单位应签订安装合同，明确双方的安全责任；（2）实行总承包的，施工总包单位应当与安装单位签订附着式升降脚手架安装工程安全协议书；（3）实行劳务分包的附着式升降脚手架专业承包单位或总包单位应当与具有合法安装资质且有专业操作人员的劳务单位签订附着式升降脚手架安装安全协议；（4）相关单位间应签订安全协议；（5）安装过程中如发现与方案不一致等特殊情况时，须立即与技术部门沟通联系，并按照技术部门的特殊处理方案实施；（6）安装作业时，总包单位应派专人进行监督，监理单位应进行监理。

3. 落实不利环境因素的防范措施

遇有五级及以上大风、大雨、大雪、大雾等极端恶劣天气时，应停止安装并做好与结构间拉结。

三、附着式升降脚手架的拆卸基本程序

（一）拆卸前准备工作

1. 拆除人员及工具的准备

根据项目部所定的时间提前做好操作人员、工具及防护用品（安全帽、安全带、警示标志、扳手、钳子、工具袋等）等准备工作。

2. 对操作人员进行拆架交底

架体正式拆除前，项目部组织所有进行架体拆除的架子工，由附着式升降脚手架公司现场技术人员对其进行拆架的技术及安全交底，并在交底文字资料上签名，资料归档留存。

项目安全部对架子工所持证件的有效性进行检查，要求架子工必须持证上岗，禁止无证操作。

3. 防护措施的落实

附着式升降脚手架拆除，须做好如下防护措施：（1）升降架拆除前，在升降架下的水平网上满铺一层密目安全网，防止拆除作业中的石子、混凝土块等坠落伤人；（2）通知相关人员（架子工、紧邻架体作业的所有作业人员）拆架的具体部位和时间，要求提前安排好各自的工作；（3）拆除前将升降架底部拉上警戒线进行封闭，禁止任何人进入，并派专人看守，严禁其他无关人员在正拆除的架体上、临架、架底进行施工。

（二）拆卸作业基本程序

1. 拆卸作业总体要求

附着式升降脚手架的拆卸，可分为高处拆卸（附着式升降脚手架只作主体施工使用，主体封顶后架体无需下降可直接在主体顶部拆除）和低处拆卸（附着式升降脚手架主体施工提升到顶后，再下降用于外墙装修使用，架体下降到安装位置时再拆除）两种情况。

《建筑施工工具式脚手架安全技术规范》（JGJ 202—2010）第 4.9 条规定：（1）附着式升降脚手架的拆除工作应按专项施工方案及安全操作规程的有关要求进行；（2）拆除作业前，施工管理人员应对操作人员进行安全技术交底；（3）应对拆除作业人员进行安全技术交底；（4）拆除时应有可靠的防止人员与物料坠落的措施，拆除的材料及设备不得抛扔；（5）拆除作业应在白天进行，遇 5 级及以上大风和大雨、大雪、浓雾和雷雨等恶劣天气时，不得进行拆除作业。

2. 拆卸作业主要步骤

（1）清理架体上物料、垃圾等

清理时从上往下进行，所有被清理出的物料、垃圾等必须清至楼内再运至地面。严禁直接从架体向下抛撒。

（2）拆除升降系统设备

从进线端拆掉电源进线、配电箱、电缆，并运至库房分类堆放整齐。拆除电器设备时，注意保护设备，严禁硬拉、硬拽。

拆除电动葫芦、吊挂件，用施工电梯运至地面在库房分类堆放整齐。

（3）架体构架部分的拆除

按照"先搭后拆，后搭先拆，从上至下"的原则，从架体悬臂部位开始由上至下逐步拆除。

（4）导轨主框架、水平支承桁架的拆除

按照前述程序和要求，将架体拆至剩下主框架和水平支承桁架时，根据平面布置情况和升降架的跨度，从分组端头开始，将水平支承桁架按照一榀为一段，依次确定分段位置，将水平支承桁架从分段处把连接螺栓取除，每段以导轨为中心，两边各用一根 6m 钢管做"八"字形斜撑，将主框架第四步横杆与连接水平支承桁架的小横杆连接起来，防止吊离时主框架与水平支承桁架松脱引发事故。

将吊至地面的主框架、水平桁架进行解体并将拆解的物料分类整齐堆放。

四、附着式升降脚手架拆卸的安全技术措施及注意事项

（一）拆卸安全技术措施

1. 拆除前的检查

拆除前的检查主要内容有：（1）确保附着式升降脚手架架体稳定可靠，按施工方案要求，保持附着装置、拉结齐全有效；（2）确保架体安全防护的完整和封闭。

2. 落实安全防护措施

拆除期间需要落实的安全措施主要如下：（1）拆卸过程中严禁进行交叉作业，特殊情况必须交叉时，须采用槽钢或钢管搭设上铺密目网和脚手板的硬质防护棚，以确保施工安全；（2）拆除前，将升降脚手架底部拉上警戒线进行封闭，禁止任何人进入，并派专人看守，严禁其他无关人员在正拆除的架体上、临架、架底进行施工；（3）架体底部与建筑结构间的空隙进行全封闭隔离；（4）特殊情况须进行气割作业时，须按要求开具动火证，由专业操作人员进行，并派专人配设灭火设备进行看火。

（二）拆卸安全注意事项

1. 人员基本要求

拆除操作人员应符合如下基本要求：（1）作业人员应具备特种作业人员资格要求，已接受安全教育和技术交底，理解所述内容并履行签字手续；（2）拆卸作业时，严格按照施工工艺进行操作严禁出现"三违"即违章指挥、违章操作、违反劳动纪律，以确保"三不伤害"即不伤害自己、不伤害他人、不被他人伤害；（3）拆卸作业过程中，操作人员按要求正确佩戴和使用劳动保护用品；（4）拆卸作业过程中操作人员佩带工具袋，作业时应精力集中以防止工具从手中滑脱，使用后将工具放入工具袋中；（5）施工作业过程中，拆除的物料及设备构件等严禁抛掷；（6）操作人员严禁站在即将吊离的架体上操作；（7）当相邻两段发生刮卡时，需找准刮卡点，用撬棍拨开，严禁强制吊离等野蛮冒险作业。

2. 落实施工现场安全管理措施

施工现场需落实如下主要安全管理措施：（1）附着式升降脚手架拆卸单位与使用单位应签订安装合同，明确双方的安全责任；（2）实行总承包的，施工总包单位应当与安装单位签订附着式升降脚手架拆卸工程安全协议书；（3）实行劳务分包的，附着式升降脚手架专业承包单位或总包单位应当与具有合法安拆资质且有专业操作人员的劳务单位签订附着式升降脚手架拆卸安全协议；（4）相关单位间签订安全协议；（5）拆除作业时，总包单位应派专人进行监督，监理单位应进行监理；（6）拆除的进度紧密配合施工进度并满足安全防护要求，不能拆得过快导致作业面无防护或拆得过慢影响主体施工进度；（7）须运用塔吊配合拆除的主框架等设备构件时，吊拆时塔吊司机与信号工的信号必须保持畅通不间断，严禁超负荷使用；（8）拟吊离的架体上严禁有松散物料或构配件，防止吊至半空发生坠落而引发事故。

3. 落实不利环境因素的防范措施

拆除作业应在白天进行。遇 5 级及以上大风和大雨、大雪、浓雾和雷雨等恶劣天气时，不得进行拆除作业。

五、附着式升降脚手架安装和拆卸过程中常见问题的处理

（一）安装过程中常见问题的处理

1. 水平支承桁架高差超出允许值

原因分析：（1）搭设安装平台时，未采用水准仪抄平或每次抄平过程中，末尾点与起点未做闭合检查工作，致使操作中出现问题未及时发现；（2）安装平台架底部回填土未夯实，基础沉降不均；（3）安装平台立杆架底部未设置通长的木脚手板，立杆直接置于回填土中，各立杆承力后沉降不均；（4）采用悬挑架方式搭设的安装平台底部，相邻两根斜支撑的间距过大（超过 2m 以上）或与结构拉结不牢固；（5）采用悬挑架方式搭设的安装平台斜支撑底部未支顶到结构上，斜支撑处于悬空状态，受力后下沉。

预防措施：（1）尽量由专业测量员进行找平点测抄工作，每次测抄完毕须与起始点进行闭合检查；（2）安装平台立杆如果置于回填土上，必须将土夯填密实，且做好排水措施，立杆底部要垫通长的木脚手板，做好防水浸泡的措施；（3）采用悬挑架方式搭设的安装平台搭设后，必须加设斜支撑支顶到结构墙体或楼板上；（4）如果采用悬挑架，其相邻两斜支撑的间距不能大于 2m，且底部要支顶到结构上并固定牢靠。

2. 竖向主框架的垂直度偏差大于 5‰，导致附墙支座无法正常安装

原因分析：（1）架体搭设前主框架未校正加固；（2）水平支承桁架内外水平偏差超出允许值，主框架安装不垂直，且搭设架体前也未进行校正；（3）架体搭设过程中未及时安装附墙支座，出现架体在搭设过程中悬臂过高，引发倾斜变形；（4）其他工种作业人员施工时支顶架体，导致架体倾斜。

预防措施：（1）严格控制水平支承桁架的安装质量，发现问题及时纠正；（2）搭设架体前，将主框架校正并加固；（3）架体搭设过程当具备安装附墙支座条件时，必须及时安装附墙支座，出现预埋孔不通、模板拆模不及时而影响附墙支座安装的，必须立即纠正；（4）严禁其他工种作业人员施工时支顶架体。

（二）拆卸过程中常见问题的处理

1. 拆除中出现高处落物

原因分析：架体拆除前未清理干净物料设备构件及建筑垃圾等；操作人员未佩戴工具包，工具掉落；工人违章操作将拆除构件抛掷；夏季施工因气温过高、构件表面温度高烫手，手上有汗或北方冬季施工因气温过低手指不太灵活，不经意间未拿稳物件发生掉落。

防范措施：加强工人安全教育并派人监督，杜绝违章作业；操作人员配置工具包；关注气候条件，当出现大风、暴雨等恶劣天气时，有针对性采取相应的防范措施。

2. 吊装拆除时主框架发生变形

原因分析：吊装拆除时，一次吊两榀及以上，主框架间未设置可靠支撑；钢丝绳挂设位置不合理。

防范措施：严格按照技术交底和操作规程吊装；吊装拆除两榀主框架以上时两主框架间加设刚性支撑，钢丝绳挂在支撑节点处。

第四节　附着式升降脚手架施工使用前的验收

附着式升降脚手架组装是根据主体施工进度不断搭设至设计高度，其时间相对较长（约结构施工 4 层的时间）。在此期间，架体搭设、脚手板铺设、安全网挂设等工序工作处于不断完善过程，架体安装平台尚未拆除，甚至有部分架体荷载还传递至安装平台；架体组装至设计高度后，架体不再继续往上搭设，安装平台须与附着式升降架分离并利用自身设备进行提升，架体的安装质量是否合格直接关系到架体及施工作业人员安全。因此，架体组装完成后应进行检查验收，验收合格后方可使用。

一、附着式升降脚手架施工使用前的验收组织

《建设工程安全生产管理条例》第 35 条规定，施工单位在使用施工起重机械和整体提升脚手架、模板等自升式架设设施前，应当组织有关单位进行验收，也可以委托具有相应资质的检验检测机构进行验收；使用承租的机械设备和施工机具及配件的，由施工总承包单位、分包单位、出租单位和安装单位共同进行验收。验收合格的方可使用。

施工单位应当自施工起重机械和整体提升脚手架、模板等自升式架设设施验收合格之日起 30 日内，向建设行政主管部门或者其他有关部门登记。登记标志应当置于或者附着于该设备的显著位置。

《建筑施工工具式脚手架安全技术规范》（JGJ 202—2010）第 7.0.6～7.0.7 条规定，施工现场使用工具式脚手架应由总承包单位统一监督，并组织对工具式脚手架的检查验收；监理单位应参加工具式脚手架的检查验收。

二、附着式升降脚手架施工使用前的验收程序

附着式升降脚手架首次安装完毕应先进行自检，自检合格后告知总承包单位。总承包单位组织分包单位、租赁单位、安拆单位、监理单位进行联合验收。

三、附着式升降脚手架施工使用前的验收内容

（一）基本资料验收

《建筑施工工具式脚手架安全技术规范》（JGJ 202—2010）第 8.1.1 条规定，附着式升降脚手架安装前应具有下列文件：（1）相应资质证书及安全生产许可证；（2）附着式升降脚手架的鉴定或验收证书；（3）产品进场前的自检记录；（4）特种作业人员和管理人员岗位证书；（5）各种材料、工具的质量合格证、材质单、测试报告；（6）主要部件及提升机构的合格证。

（二）主构架安装验收

附着式升降脚手架主构架安装时，既要查验主构件本身是否存在变形、损坏等缺陷，同时查验设置的位置、与之相连接的构件连接是否与施工方案一致，重点查验如下主要内容：（1）竖向主框架是否采用螺栓连接或焊接连接；（2）各节点是否焊接或螺栓连接；（3）相邻主框架的高差是否在规范要求≤30mm 的范围内；（4）竖向主框架和防倾导向装置的垂直偏差是否符合规范要求：不应大于 5‰，且不得大于 60mm。

（三）附着装置安装验收

附着装置是附着式升降脚手架使用期间承担架体荷载并将架体荷载传递至结构，确保架体安全可靠的重要构件。其验收不但要查验附着装置本身是否合格，同时依据《建筑工具式脚手架安全技术规范》（JGJ 202）第 4.4.5 条的要求进行查验，并符合如下规定：（1）每个竖向主框架所覆盖的每一楼层处是否设置一道附墙支座；（2）使用工况时，竖向主框架是否固定于附墙支座上；（3）附墙支座是否采用锚固螺栓与建筑物连接，受拉螺栓的螺母是否不少于两个或采用单螺母加弹簧垫圈；（4）附墙支座支承在建筑物上连接处混凝土的强度是否满足按设计要求确定，且不小于C10。

（四）防坠落装置安装验收

附着式升降脚手架出现快速下坠的异常情况时，防坠落装置本身应可靠，传递架体荷载的连接构件承载力、最终承担架体荷载的结构承载力均应大于发生坠落架体荷载，方能有效制动。

在验收时，需重点查验如下内容：（1）防坠落装置是否设置在竖向主框架处，并附着在建筑结构上；（2）防坠落装置是否每一升降点至少有一个，在使用和升降工况下都能起作用；（3）防坠落装置与升降设备是否分别独立固定在建筑结构上；（4）防坠落装置是否应具有防尘防污染的措施，且灵敏可靠和运转自如；（5）钢吊杆式防坠落装置，钢吊杆规格是否根据计算而确定，且满足不小于 Φ25mm 的要求。

（五）升降装置验收

附着式升降脚手架能否正常升降，主要依靠动力设备和上下承重点共同工作。在验收时，应重点查验如下内容：（1）上下承重点是否牢固可靠，在附着式升降脚手架升降时，动力设备需与上下承重点进行可靠连接方能实现；（2）固定上吊点处建筑物混凝土的强度是否满足按设计要求确定，且不小于C20；（3）升降动力设备环链提升机或液压设备是否是同一厂家、同一品牌、同一型号。

（六）控制系统验收

控制系统是附着式升降脚手架升降时的有效保障，在升降过程中如出现异常时，应能及时检测到信号、发出报警并联动切断电源，防止故障扩大。可通过各机位荷载变化或通过架体相邻机位高差变化两种方式检测。查验时应符合如下规定：

1. 限制荷载自控系统应具有的功能

主要是：（1）当某一机位的荷载超过设计值的15％时，应采用声光形式自动报警和显示报警机位，当超过30％时应能使该升降设备自动停机；（2）应具有超载、失载、报警和停机的功能，宜增设显示记忆和储存功能；（3）应具有自身故障报警功能，并能适应施工现场环境；（4）性能应可靠、稳定，控制精度应在5％以内。

2. 水平高差同步控制系统应具有的功能

主要是：（1）当水平支承桁架两端高差达到 30mm 时，应能自动停机；（2）应具有显示各提升点的实际升高和超高的数据，并应有记忆和储存的功能；（3）不得采用附加重量的措施控制同步。

（七）架体构架安装验收

附着式升降脚手架除架体专用构件外，其余部分采用钢管、扣件进行搭设，应同时符合下列构造要求和扣件式钢管脚手架搭设的技术要求。

1. 架体构造要求

重点检验如下内容：（1）架体高度是否≤5 倍层高；（2）架体宽度是否≤1.2m；（3）查验架体遇到塔吊、施工升降机、物料平台需断开或开洞的断开处，是否加设栏杆和封闭，开口处是否设有可靠的防止人员及物料坠落的措施。

2. 架体构架要求

采用钢管扣件搭设的架体构架部分，检验是否符合《建筑施工扣件式钢管脚手架安全技术规范》（JGJ 130—2011）的如下规定：（1）查验附着式升降脚手架立杆是否采用对接接长；（2）查验立杆的对接扣件是否交错布置，查验两根相邻立杆的接头是否设置在同步内，同步内隔一根立杆的两个相隔接头在高度方向错开的距离是否不小于 500mm；（3）查验立杆、纵向水平杆各接头中心至主节点的距离不宜大于步距的 1/3；（4）查验纵向水平杆是否设置在立杆内侧，单根杆长度是否小于 3 跨；（5）查验两根相邻纵向水平杆的接头是否设置在同步或同跨内；（6）不同步或不同跨两个相邻接头在水平方向错开的距离是否小于 500mm；（7）搭接长度是否小于 1m，是否等间距设置 3 个旋转扣件固定，端部扣件盖板边缘至搭接纵向水平杆杆端的距离是否小于 100mm；（8）架体底部脚手板是否铺设严密，与墙体的间隙是否通过翻板密封严密；操作层脚手板是否铺满、铺设牢固，架体与结构间的空隙是否设置翻板或挂设水平网予以有效防护。

（八）架体防护安装验收

附着式升降脚手架的防护主要包括水平面的防护和立面的防护，验收时需查验如下几个方面：（1）架体外侧是否满挂密目式安全网，密目安全网规格≥2000 目/100cm²，≥3kg/张；（2）架体与结构临边、分组端是否设置防护栏杆，栏杆高度是否不低于 1.2m；（3）操作层是否设置挡脚板，挡脚板高度不低于 180mm；（4）架体底部脚手板铺设是否严密，与墙体间是否有间隙；（5）架体分组位置与结构施工流水段是否相匹配（上一流水段的架体超过下一流水段 1m 为宜，以便确保上一流水段结构施工）。

第五节　附着式升降脚手架的施工作业安全管理

一、附着式升降脚手架施工作业现场的危险源辨识

（一）安装与拆卸过程的危险源辨识

附着式升降脚手架的安装、拆除施工期间，操作人员须登高临空作业；登高临空作业人员较多，临空作业时间较长，安全风险较大，作业前应根据现场实际情况认真分析辨识作业中所存在的危害源，重点是防止出现高处坠落事故、物体打击事故、起重设备伤害事故以及架体倾覆事故。

1. 引发高处坠落事故的危险因素

主要有：（1）高处作业未正确佩戴、使用安全带；（2）高处作业时，操作人员没有站立在稳定可靠的平台上；（3）作业面孔洞、临边未防护，作业人员精力不集中；（4）高处作业人员违反操作规范和工艺流程；（5）大风、大雨、浓雾等极端恶劣天气继续作业。

2. 引发物体打击事故的危险因素

主要有：（1）违章进入具有高处落物的区域；（2）在无任何有效保障措施下进行交叉作业；（3）高处作业人员作业不认真，工具滑落；（4）作业面随意放置小构件、物料及垃圾未及时清理；（5）违章操作、堆放不当，引发物料掉落。

3. 引发起重设备伤害事故的危险因素

主要有：（1）违章操作起重设备；（2）起重设备带病使用；（3）起重设备无专人管

理；（4）起重设备未经常进行检查和维护保养；（5）起重设备操作人员与信号指挥人员间信息交流不畅。

4. 引发架体倾覆事故的危险因素

主要有：（1）架体安装期间未及时安装防倾覆装置，防倾覆装置的设置或安装不符合规范要求；（2）安装防倾覆装置处的结构不能满足荷载要求；（3）架体未及时与结构进行可靠拉结；（4）吊运其他物料时刮碰架体。

（二）使用过程的危险源辨识

使用过程中的危险源辨识，重点是防止出现高处坠落事故、物体打击事故、架体坠落事故以及架体倾覆事故。

1. 引发高处坠落事故的危险因素

主要有：（1）架体的空洞、临边防护设施缺失；（2）作业人员擅自拆除安全防护设施作业；（3）作业人员在可能发生坠落的部位作业时未正确佩戴使用安全带。

2. 引发物体打击事故的危险因素

主要有：（1）架体（操作层、底部）与结构间空隙未进行有效防护；（2）操作层作业人员与操作层以下其他人员交叉作业；（3）架体物料、混凝土块、垃圾未及时清理；（4）作业人员出现"三违"行为。

3. 引发架体坠落事故的危险因素

主要有：（1）架体使用中承力装置未按要求数量安装或安装质量不符合要求，导致架体荷载无法有效传达至结构；（2）架体未按要求设置防坠落装置；（3）架体防坠落装置故障未及时修复或人为损毁失效；（4）架体附着装置安装处、承力装置安装处、防坠落装置、承力点安装处的结构承载力不能满足架体荷载要求。

4. 引发架体倾覆事故的危险因素

主要有：（1）架体升（降）完毕未及时安装防倾覆装置，防倾覆装置设置或安装不符合规范要求；（2）安装防倾覆装置处的结构不能满足荷载要求；（3）架体悬臂超过规范要求；（4）吊运施工物料时，刮碰架体悬臂部分。

（三）施工现场环境的危险源辨识

施工现场环境危险源辨识，重点是防止出现设备维修时油污、噪声、尘土等造成的危害。

1. 设备维修油污对环境的危害

主要有：（1）设备密封不严，发生跑、冒、滴、漏现象；（2）维修、保养使用的擦拭布未放置专用垃圾箱及垃圾未作专门处理。

2. 施工现场噪声的危险源

在人员密集的地方施工，如设备噪声超过环境噪声控制标准，将影响周边日常生活，长期的作业人员也会导致职业病。

3. 尘土对人身的危害

尘土飞扬至空气中，人体吸入会影响身体健康，长时间将会引发职业病。

（四）设备自身危险源辨识

设备自身危险源辨识，重点是防止出现设备损坏和变形。

1. 引发设备损坏的危险因素

主要有：（1）人员违章操作；（2）设备润滑油缺失情况下继续使用；（3）设备使用环境不当；（4）设备运转状态下无人看护，设备被异物卡阻，设备直线运动的构件达到极限值未被及时发现；（5）设备的安全保护装置缺失或失灵。

2. 引发设备变形的危险因素

主要有：（1）设备超负荷使用；（2）设备运转状态下无人看护，设备直线运动的构件达到极限状态；（3）设备安全防护装置缺失或失灵。

二、附着式升降脚手架的安全操作要求

（一）施工作业前期准备的安全注意事项

附着式升降脚手架施工作业前期准备时，主要应当做好人员把控、交底教育和安全措施落实、防护设备准备等方面工作。

1. 人的因素

主要是：（1）操作人员接受安全教育和安全技术交底；（2）特种作业人员必须持有效的特种作业操作证；（3）设置安全管理机构，配备专职安全管理人员。

2. 物的因素

主要是：（1）所有进场的设备、构件、物资质量合格并有质量证明文件；（2）设备、构件堆放得当，堆放平稳，不被压坏；（3）设备、构件使用正确；（4）购置合格且与工作相适应的劳动保护用品。

3. 环境因素

主要是：（1）针对大风、暴雨、大雪、高温、低温等特殊气候情况，进行有效的防护措施的设备物料；（2）进行夜间作业时，必须有满足清晰看见施工所需设备、构件等的照明设备。

（二）施工作业过程的安全操作要求

施工作业过程中，重点应做好对作业人员行为的管控和对防护设施的落实情况进行管理。

主要是：（1）作业人员应当严格按照安全操作规程作业；（2）作业人员应当严格按照要求，正确佩戴与所从事工作相匹配的劳动保护用品；（3）架体升降时，作业人员不得在架体或架体底部及架体临边进行作业；（4）遇大风、暴雨、大雪等恶劣天气时，应及时采取有效加固措施后停止作业；（5）吊装作业中，塔吊司机与信号工之间的沟通必须通畅有效，所使用的信号工具应可靠有效；（6）作业中，检查安全防护装置是否灵活有效，严禁将防护装置人为损毁失效。

（三）施工作业完成后的安全注意事项

施工作业完成后，应确保架体安全固定于结构及各部位防护设施的有效恢复。需恢复的主要内容是：（1）及时、规范地安装附着装置；（2）及时恢复架体与结构间、架体分组间及其他特殊部位孔洞的防护及临边防护；（3）检查影响架体安全的构件、配件是否被拆除或破坏，如有丢失或破坏应立即向相关领导报告并采取措施予以完善；（4）不得随意扩大使用范围，架体上的施工荷载应符合设计规定，不得超载，不得放置影响局部杆件安全的集中荷载。

附着式升降脚手架在使用过程中不得进行下列作业：（1）利用架体吊运物料；（2）在架体上拉结吊装缆绳或缆索；（3）在架体上推车；（4）任意拆除结构件或松动连接件；

（5）拆除或移动架体上的安全防护设施；（6）利用架体支撑模板或用作卸料平台；（7）其他影响架体安全的作业。

三、附着式升降脚手架施工作业现场的安全风险防控与应急处置

（一）施工作业现场的风险防控

在不同的施工阶段，施工现场作业风险各不相同，应针对不同阶段的实际情况采取有效的风险防控措施。

1. 安装与拆卸的安全风险防控

主要是：（1）作业前操作人员必须经过安全教育培训，接受安全技术交底；（2）避免交叉作业，对于确实无法避免的特殊情况，须有采用槽钢或钢管搭设上铺密目网和脚手板的硬质防护棚；（3）作业中有专职安全管理人员监督，杜绝发生"三违"行为；（4）在作业现场的地面10m外设置警戒区、挂设警示牌，并派专人看护，禁止人员进入；（5）按要求做好架体与结构附着和架体与结构间的拉结；（6）随架体施工进度做好架体与结构间、架体分组间的临边防护；（7）五级及以上大风、大雨、大雪等恶劣天气应避免架体作业，在正常气候条件下作业时，作业人员须正确佩戴和使用劳动保护用品；（8）对协助配合的塔吊等起重设备，应检查无故障；（9）各操作人员均应严格按照相关的操作规程进行作业，严禁野蛮施工。

2. 升降过程的安全风险防控

主要是：（1）作业前操作人员必须经过安全教育培训，接受安全技术交底；（2）架体底部的地面10m外设置警戒区、挂设警示牌，并派专人看护，禁止人员进入；（3）作业中有专职安全管理人员监督，杜绝发生"三违"行为；（4）升降中作业人员严禁上架或在架体临边作业；（5）五级及以上大风、大雨、大雪等恶劣天气应避免架体作业，在正常气候条件下作业时，作业人员须正确佩戴和使用劳动保护用品；（6）升降过程中操作人员必须认真负责，发现异常须排除后方可继续升降；（7）升降中架体上物料、垃圾须已清理干净，影响架体升降的杆件等已清除。

3. 施工作业人员的安全风险防控

主要是：（1）作业人员应正确佩戴使用安全防护用品；（2）作业人员作业过程中应严格按照操作规程及安全交底进行；（3）作业过程中应精力高度集中；（4）作业过程中有专职安全管理人员旁站监督，及时制止、纠正或提醒违规人员，确保做到"三不伤害"。

4. 施工作业现场管理的安全风险防控

主要是：（1）施工单位、使用单位等自控主体单位，须设置安全管理机构和专职安全管理人员，依据签署的安全责任协议履行各自作业过程的安全管理；（2）总包单位、监理单位等监控主体单位，须按照国家相关规定履行各自的监管职责，发现事故隐患及时督促相关责任单位和人员及时有效地消除。

（二）施工作业现场生产安全的应急处置

施工作业现场情况复杂，虽然采取各项防范措施，但也难以确保绝对不发生事故。为确保事故发生时能快速有序地进行救援处置，将事故损失降到最低程度，在施工作业前应根据不同阶段、不同工作内容及分析施工时可能发生事故类别等，制定应急处置方案。

1. 安装与拆卸生产安全的应急处置

架体在安装和拆卸的工况下，通常易发生高处坠落、物体打击、架体坠落、架体倾

覆、起重伤害等事故。高处坠落事故、物体打击事故导致的结果，主要是人员伤害，但设备、构件损坏较小甚至没有损坏；架体倾覆和架体坠落事故导致的结果，主要表现为架体较大变形甚至达到无法修复性变形，可能还伴随有人员受伤；起重伤害事故导致的结果，主要表现为单一的人员伤害或设备损坏和人员伤害与起重设备损坏同时并存。

处置方案：发现的人员立即向项目负责人报告，项目负责人接到报告后初步判断事故严重程度，启动相应级别的救援预案。

（1）单一设备损坏情况，应查勘现场并分析，如果损坏较轻，可不采取特殊处理措施，安排专业人员直接更换受损构件或部件即可；当损坏较重时，应立即采取加固等有效措施，以防止损坏扩大，由技术部门制定专门的处置措施并严格执行。

（2）人员受伤的处置。救援人员首先应判断伤者情况，迅速将伤员脱离危险场地，移至安全地带施救。伤者神志清醒，有出血现象的应立即止血、包扎后送医院治疗，假如伴随骨折等须做好骨折部位的固定，送医院或等到医院救护人员到来；伤者昏迷的须立即采取人工呼吸、心肺复苏并拨打急救电话 120。拨打电话时要尽量说清楚以下几件事：1）说明伤情和已经采取了些什么措施，以便让救护人员事先做好急救的准备；2）讲清楚伤者（事故）发生在什么地方，如什么路、几号、靠近什么路口、附近有什么明显特征建筑或构筑物，告诉报救者单位、姓名（或事故地）的电话或手机号码，以便救护车找不到地方时可随时通过电话通讯联系；3）打完报救电话后，应问接报人员还有什么问题不清楚，如无问题才能挂断电话，通完电话后应派人在现场外等候接应救援车辆，并派人把进入地现场路上障碍及时予以清除，以利救援车辆能及时到位施救。

2. 升降过程中生产安全的应急处置

在架体升降工况下，通常易发生触电、高处坠落、物体打击、升降设备故障、架体坠落、架体倾覆等事故。触电事故的发生，将导致电器设备损坏或人员伤害单一事故和设备损坏与人员伤害并存。

处置方案：根据实际发生情况，参照上述设备损坏与人员受伤救护的方法妥善处置。

3. 架体使用中施工作业生产安全的应急处置

在架体使用工况下，通常易发生高处坠落、物体打击、架体悬臂损坏等事故。导致的结果主要表现为单一的人员受伤事故或架体变形事故，或是架体变形并伴随有人员受伤事故。

处置方案：根据实际发生情况，参照上述设备损坏与人员受伤救护的方法妥善处置。

四、附着式升降脚手架施工作业安全教育培训的主要方式及内容

在施工现场的每个人都知道安全十分重要，可为什么总有安全事故发生呢？通过对以往的安全事故进行分析发现，几乎所有的人为事故都不是当事人故意造成的，有的是在无意识状态下发生事故，有的是根本不知道那样做会发生事故，正所谓"无知者无畏"，就在这种无知的状态下作业导致了事故时有发生。

让施工人员了解作业时可能存在哪些危险，作业中如何规避危险，如何做才能保障安全等知识，必须通过安全教育培训的方式来实现。

（一）安全教育培训的主要对象及方式

附着式升降脚手架施工安全教育培训的主要对象是：（1）进行附着式升降脚手架安装、拆除的操作人员；（2）利用架体作业的（使用架体）其他工种作业人员；（3）与附着式升降脚手架施工、管理相关的技术、安全管理人员。

培训方式主要有：（1）岗前的三级安全教育；（2）作业前的安全技术交底培训；（3）安全例会培训（每日班前教育、周、月、季、半年、年终总结等会议培训）；（4）通过影视等多媒体进行宣传教育；（5）通过张贴安全标语、板报、漫画等宣传教育；（6）通过安全知识演讲、安全知识竞赛等活动方式进行培训教育。

（二）安全教育培训的主要内容

1. 建筑施工企业的岗前安全教育一般分为公司、项目部、施工班组三级。

公司教育内容主要是：国家和地方有关安全生产的方针、政策、法规、标准和企业的安全规章制度等。

项目部教育内容主要是：工地安全制度、施工现场环境、工程施工特点及可能存在的不安全因素等。

施工班组教育内容主要是：本工种的安全操作规程、事故案例剖析、劳动纪律和岗位讲评等。

2. 日常安全教育内容

主要是：（1）劳保用品正确佩戴、使用；（2）通报分析违章行为的危害性，奖励安全先进、处罚违规违纪人员；（3）危险有害因素的识别方法及防范措施；（4）对检查中发现违章人员，有针对性地予以纠正和进行思想教育。

第六节　附着式升降脚手架的施工现场日常检查和维修保养

一、附着式升降脚手架日常检查的主要内容和方法

附着式升降脚手架日常检查的主要内容是架体本身不出现危险、架体能够顺利升降、架体上作业人员安全的有效保障。在日常检查中，需要将影响架体安全及作业人员安全的相关因素进行检查，以便及早发现异常情况并采取有效整改措施，达到防患未然的目的。

（一）主构架检查的主要内容和方法

1. 主构架检查的主要内容

架体主构架是附着式升降脚手架的主受力构件，其强度、刚度是架体本质安全的关键要素。在日常检查时，要重点查看各节点连接是否有效、杆件是否出现变形等异常问题。由于现场条件有限，目测法是最易实现和最直接的方法，并视情况可进一步采取实测检查。检查时，应当重点关注如下内容：（1）各焊接点是否有开焊、螺栓连接点螺栓是否缺失或松动；（2）主构件的各杆件是否有损伤或变形；（3）主构架水平度、垂直度是否有明显偏差。

2. 检查方法主要是观察、尺量

（二）附着装置检查的主要内容和方法

1. 附着装置检查的主要内容

附着装置是附着式升降脚手架架体荷载的关键承传力构件。架体能否安全附着于结构，不仅取决于附着装置的各构件本身不存在缺陷，各紧固构件、附着处结构、承力装置等同时具备安全的条件，还应当在日常检查时重点关注如下内容：（1）附着装置的数量、安装方式是否符合规定；（2）附着装置与结构及架体之间的连接是否符合要求；（3）附着装置承传力是否有效；（4）附着装置安装处结构的强度是否符合要求。

2. 检查方法

主要是观察、查询相关资料（如附着处混凝土强度是否符合要求，可通过查询混凝土的试验报告获知）。

（三）防坠落装置检查的主要内容和方法

1. 防坠落装置检查的主要内容

通过对以往所发生的附着式升降脚手架事故原因分析，其主要根源在于防坠系统失效（有的是比设计少安装防坠落装置，有的是工人感觉影响架体下降速度而人为卸掉防坠落装置，有的是平常未进行保养造成防坠落装置失灵，该运转的构件不能运转），导致架体出现快速下降的异常时无法有效对架体制动。

防坠落装置日常检查时需重点关注如下内容：（1）是否按要求设置了防坠落装置；（2）防坠落装置安装位置的结构刚度（比如混凝土的强度）是否符合要求；（3）防坠落装置须转动构件是否能灵活转动；（4）防坠落装置中的复位弹簧是否有效；（5）防坠落装置是否与工况相适应的处于开启或闭合。

2. 检查方法

主要是观察、手动检查。

（四）升降装置检查的主要内容和方法

1. 升降装置检查的主要内容

升降装置不但对架体能否正常升降有直接影响，而且对附着式升降脚手架升降过程的安全也有直接影响，关系着架体能否顺利升降和升降过程安全风险的大小。

在日常检查中除检查动力设备是否正常（比如电动葫芦电机是否正常）外，还需重点关注如下内容：（1）升降装置中的上下承力构件是否可靠；（2）升降装置是否有翻链、卡链、链条损伤等异常，液压设备中的油泵是否正常，油管及连接点是否破裂漏油等；（3）承担升降过程中架体荷载的主体结构刚度是否符合要求。

2. 检查方法

主要是观察和查询相关检测资料。

（五）控制系统检查的主要内容和方法

1. 主要检查内容

控制系统容易被工人轻视甚至误认为是多此一举，比如不用遥控器也可实现架体升降，但安全风险就大大增加，日常检查时绝不能小视。

为确保控制系统的有效性，需重点检查如下内容：（1）控制开关是否完好，接触是否良好；（2）连接的控制线路是否破损，接头是否有松动。

2. 检查方法

主要是观察、现场测试。

（六）架体构架检查的主要内容和方法

1. 主要检查内容

架体构架是附着式升降脚手架相对薄弱的部分，实际施工过程中容易发生局部损坏，特别要注意架体顶部是否出现异常情况。

在日常检查时应重点关注如下内容：（1）架体上各个杆件是否有被拆走或变形；

（2）连接架体的各节点扣件是否有缺失或开裂等损坏；（3）各接头处是否有脱开；（4）架体构架的垂直度、水平度是否出现明显偏差；（5）架体分组处、塔吊附臂架体断开部位等临边防护是否缺失；（6）某组架体是否出现水平位移或架体变形。

2. 检查方法

主要是观察法。

（七）架体防护检查的主要内容和方法

1. 检查的主要内容

附着式升降脚手架在使用中，部分人误认为架体能顺利升降并安全固定于结构就完事大吉，忽略了架体平面及竖向的防护直接影响着架体上作业人员的安全。这种错误观念必须改变。因为，只有架体安全和架体上作业人员安全都能得到保障，才算是真正的安全。

在日常检查时，应重点关注如下内容：（1）架体分组与组之间的水平密封和外立面竖向密封是否严密可靠；（2）架体与结构间底部是否完全密封；（3）架体与结构间操作层是否采取翻板或水平网进行防护；（4）结构采光井、隔层内收等特殊部位，架体与结构间难以采取水平防护的，架体内侧是否采取立面防护措施。

2. 检查方法

主要是观察法。

二、附着式升降脚手架日常维修保养的注意事项

（一）主构架日常维修保养的注意事项

附着式升降脚手架的主构架日常维护保养时，应注意如下几个方面：（1）检查导轨主框架连接点螺丝，将松动、坏的螺丝予以紧固或更换；（2）清理架体主构架上的混凝土等影响升降的物体；（3）检查导轨，将需要加油润滑的部位予以刷油，以确保润滑。

（二）附着装置日常维修保养的注意事项

对附着式升降脚手架的附着装置日常维护保养时，应注意如下几个方面：（1）检查附着装置的各个构件，如出现变形或开焊的予以加固或更换；（2）导轮及其他升降时，须转动的部件，如果缺油应加注润滑油，对转动不太灵活的施加外力使构件转动，直至能灵活转动；（3）固定附着装置的螺杆出现弯曲变形、丝扣损坏以及外露的丝扣被混凝土污染的，清理污染物并刷油，对发生弯曲的如轻微弯曲进行调直，弯曲严重的可改短使用或报废，丝扣损坏轻微的能修复的修复使用，严重的则报废；（4）固定附着装置的各螺栓组件、螺母数量不齐的予以补齐，螺母松动的予以拧紧。

（三）防坠落装置日常维修保养的注意事项

对附着式升降脚手架的防坠落装置日常维护保养时，应注意如下几个方面：（1）防坠落装置中需要转动的构件转动不灵活的，应当加注润滑油，将其修复至转动灵活；（2）防坠落装置中不能被油污染的构件出现油污等（比如刹车片表面严禁有油），须清理干净油污；（3）防坠落装置被混凝土等污染的，清理干净污染物，需刷油的予以刷油保养；（4）防坠落装置中复位构件（如复位弹簧）等缺失的予以补齐，连接处脱落的应重新连接并检查力度是否满足要求，否则予以更换；（5）当发生坠落时，承担防坠落装置传递荷载至结构的螺杆和结构不能满足要求的，应书面上报技术部门，并按技术部门的整改方案执行；（6）检查防坠落装置各构件的连接处如有开焊、螺栓松动的，对开焊处予以补焊或加固焊接，严重的予以更换，对松动的螺栓予以拧紧。

（四）升降装置日常维修保养的注意事项

对附着式升降脚手架的升降装置日常维护保养时，应注意如下几个方面：（1）检查上下提升点构件如有变形、焊缝开焊的，予以加固或更换；（2）提升用的钢丝绳直径不符合要求、钢丝绳磨损严重的，直径偏小的予以更换，损坏严重的予以更换；（3）检查提升动力设备（如葫芦是否变形、损坏，刹车是否可靠，链条是否损伤），单个构件损坏的予以修复或更换，无法更换单个构件的则整机更换；（4）提升动力设备的电源线缆破损、裸露的予以包扎修复，接触不良的予以修复或更换；（5）升降中承担架体荷载的承力点处结构如出现开裂或强度低于安全要求的，书面上报技术部门，按照技术部门的整改方案执行。

（五）控制系统日常维修保养的注意事项

对附着式升降脚手架的防坠落装置日常维护保养时，应注意如下几个方面：（1）控制开关开启、复位不灵活的，予以修复或更换；（2）控制开关触头接触不良、线缆接头松动的，予以修复或更换；（3）电器元件被污染或淋水受潮的，清理干净污染物，将受潮部件烘烤或晾晒；（4）电器设备维修时须拉闸并有人看护，以防他人合闸引发事故。

（六）架体构架日常维修保养的注意事项

对附着式升降脚手架的架体构架日常维护保养时，应注意如下几个方面：（1）检查架体连接点松动、杆件缺失或人为拆除的，拧紧松动点，补齐缺失杆件；（2）检查脚手板铺设不到位、固定不牢靠的，补齐空洞，固定松动的脚手板；（3）检查安全网出现松散或有破损的，重新绑扎或更换破损网；（4）检查架体与结构间附着不齐全的，按规范要求数量补齐；（5）检查架体与分组间、架体与结构间拉结缺失的，予以补齐；（6）大风、大雨、大雪等恶劣天气后，对架体进行全面检查；（7）停工后检查架体加固措施是否落实，复工前进行全面复查；（8）检查架体上物料、混凝土块等建筑垃圾是否及时清理，未清理的派专人清理。

（七）架体防护日常维修保养的注意事项

对附着式升降脚手架的架体防护设施日常维护保养时，应注意如下几个方面：（1）检查架体与结构间的空隙、架体分组间水平防护是否完善，缺失的予以补齐；（2）检查分组端料台及施工电梯等断开处、塔吊附臂留口处的临边立面防护措施，如缺失的予以补齐；（3）清理架体，严禁高空抛掷清理物，应装袋从楼层搬运。

第二章 高处作业吊篮

第一节 概　　述

一、高处作业吊篮的发展概况

高处作业吊篮（简称吊篮），是用于幕墙安装、外墙装饰、外墙保温以及外墙清洗的建筑高处作业机械设备。按照《高处作业吊篮》（GB 19155）中的定义：吊篮是悬挂机构架设于建筑物或构筑物上，提升机驱动悬吊平台通过钢丝绳沿立面上下运行的一种非常设悬挂设备。

吊篮的起源可追溯到 20 世纪 30 年代。1934 年，法国法适达公司发明了全世界第一台手动提升机，配以简易悬吊平台，研制成功手动升降吊篮，开创了吊篮发展史。两年后，法适达公司把轻质马达（电动机）装配在提升机上，发明了全球首台电动提升吊篮，创造了真正意义的高处作业吊篮。随后，卢森堡、比利时和德国等国家也相继研制成功各具特色的吊篮产品。亚洲吊篮的发展相对滞后。日本于 1956 年以后开始研制与应用吊篮。

我国于 1982 年研制成功第一台吊篮，至今已走过 30 多年的发展历程。尽管我国吊篮起步比较晚，但发展却非常迅速。在最初 10 年，是国产吊篮的起步阶段。当时许多建筑施工企业还不知道吊篮为何物，几乎无人敢用，当时全国吊篮的年产销量不足百台。随着吊篮在一些高层、超高层建筑施工中的示范应用，越来越多的建筑施工企业逐步认识到吊篮的优越性，开始小批量使用吊篮。吊篮制造企业由最初的三、四家发展到 1991 年的十五、六家，年产销量达 1500 台套左右。之后的 10 年，是吊篮稳定发展阶段。吊篮制造企业基本稳定在 20 余家，2001 年全国吊篮产销量达到 4500 台套左右。近 10 多年来，吊篮步入快速发展阶段。进入 21 世纪，我国的高层、超高层建筑如雨后春笋般拔地而起，重点建设工程接踵而至。由于吊篮安装、拆除快捷方便，使用费用比其他各类脚手架都低，尤其是对超高层外墙施工更具优势。一时间，我国的吊篮设备供应呈一机难求之势，出现了罕见的卖方市场。在此期间，全国规模较大的吊篮制造企业激增近百家，总数达到 400 余家。吊篮的产销量犹如井喷般剧增。2006 年产销量达 2 万台，2008 年产销量逾 4 万台，2010 年产销量一跃突破 10 万台大关。至此，中国成为全球吊篮制造、销售和使用的第一大国。

在建筑施工领域，高处作业吊篮与传统落地式脚手架相比较，具有如下优越性：

在技术方面，具有更高的安全性。标准吊篮为定型产品，要求其强度、刚度和稳定性均须符合国家标准规定；吊篮设有多重安全保护系统与装置，每个吊点除工作钢丝绳之外，必须设置独立悬挂的安全钢丝绳并配以安全锁，在悬吊平台发生倾斜或坠落时，能够锁牢安全钢丝绳，以保证人员与设备的安全；吊篮的作业高度对其整体受力影响不大，因此作业高度对安全性的影响远比落地式脚手架要小很多。此外，具有更强的适应性。吊篮采用爬升式提升机无需卷绕钢丝绳，因此不受作业高度限制；吊篮无需地面或固定基础做支撑，可使施工人员到达脚手架无法搭设或无法接近的施工部位。

在经济方面，作业效率高。吊篮采用电动升降、操控简单、轻便灵活，具有很高的机动性，在降低劳动强度、提高施工效率、缩短施工周期等方面，都具有突出的直接经济效益；吊篮维护方便，使用成本低、寿命长，储存运输费用低；吊篮安拆便捷，安拆费用低，省时、省力，可节省大量安拆费用，能快速进入使用状态，缩短安装周期。与落地式双排钢管脚手架相比较，使用吊篮施工可缩短建设工期、降低用工量、提高劳动效率 2～4 倍，节约费用 40%～60%。随着建筑高度的增高，其经济效益更为明显。

在节能环保方面，节省社会资源。使用传统脚手架需占用大量钢管、扣件和脚手板，而且在使用和贮存过程中发生锈蚀和损耗是在所难免的。因此，作为取代传统脚手架的高处作业吊篮，被《2011～2015 年建筑业、勘察设计咨询业技术发展纲要》列为优先发展的建筑机械产品。吊篮结构轻巧、安拆便捷，可节省大量安拆工作量，提高施工效率，节省人工用量；吊篮施工对墙面无承载要求，拆除后无需对墙面进行修补，节省重复用工。吊篮垂直施工的覆盖面积大，作业时可快速升降，有效解决了脚手架施工的钢管、扣件及脚手板须占用大量施工场地进行堆放的问题，尤其在空间狭窄的施工现场具有更明显的改善施工环境效果。

二、高处作业吊篮的常见种类及基本构造原理

（一）高处作业吊篮的常见种类

吊篮按驱动形式可分为手动、气动和电动，应用最广的是电动吊篮。吊篮按特性可分为爬升式和卷扬式，在建设工程施工中使用最多的是爬升式吊篮。

吊篮型号由类、组、型代号、特性代号、主参数代号、悬吊平台结构层数和更新变型代号组成。

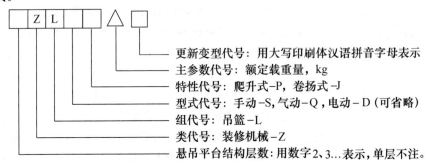

更新变型代号：用大写印刷体汉语拼音字母表示

主参数代号：额定载重量，kg

特性代号：爬升式-P，卷扬式-J

型式代号：手动-S，气动-Q，电动-D（可省略）

组代号：吊篮-L

类代号：装修机械-Z

悬吊平台结构层数：用数字2、3…表示，单层不注。

例如：型号 ZLP630 和 ZLP800 分别代表额定载重量 630kg、800kg 的电动爬升式吊篮。

（二）高处作业吊篮的基本构造及原理

吊篮主要由提升机、安全锁、悬挂机构、悬吊平台、钢丝绳和电气系统等组成（图 2-1-1）。

1. 提升机

提升机是吊篮的动力装置，其作用是提供悬吊平台上下运行的动力，并且使悬吊平台能够停止在作业位置上。

最常用的爬升式电动提升机，按钢丝绳在机内的缠绕方式不同，分为"α"形绕法和"S"形绕法两种型式（见图 2-1-2、图 2-1-3）。

电动爬升式提升机工作原理：由电动机提供动力，经减速器降低转速并增加转矩后，

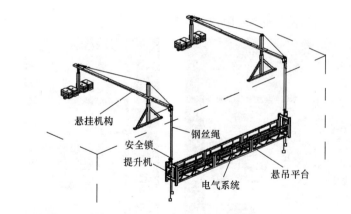

图 2-1-1 吊篮组成示意图

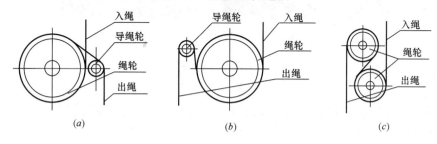

图 2-1-2 钢丝绳缠绕方式示意图

图 2-1-3 "α"形与"S"形绕法提升机外观图
(a) "α"形；(b) "S"形

带动绳轮旋转。在夹（或压）绳机构的夹持作用下，绳轮与缠绕其上的钢丝绳产生摩擦力。在摩擦力作用下，旋转的绳轮沿着钢丝绳向上爬升，并通过机壳带动悬吊平台向上运行。在制动器的作用下，绳轮停止转动。由于绳轮与缠绕其上的钢丝绳之间的摩擦力作用，使绳轮与机壳连带悬吊平台停止在空中，只要摩擦力足够，平台便不会下滑。

2. 安全锁

安全锁是保证吊篮安全工作的重要安全装置。当提升机发生故障或工作钢丝绳破断，悬吊平台发生倾斜或超速下滑时，安全锁能够迅速将悬吊平台锁定在安全钢丝绳上。

常见安全锁有摆臂防倾式和离心限速式两种类型（见图 2-1-4）。

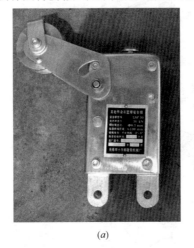

(a) 　　　　　　　　　　　　　(b)

图 2-1-4　常见安全锁外形图

(a) 防倾式；(b) 限速式

摆臂防倾斜式安全锁设有倾斜触发机构，当悬吊平台倾斜角度达到设定值或工作钢丝绳破断或松弛时，便触发锁绳机构动作，锁块则锁紧安全钢丝绳，使悬吊平台停止下降或坠落。其优点是零件少，结构简单，对恶劣环境适应性强，抗干扰性强，可在施工现场进行定量的锁绳性能自测；缺点是只能应用于双吊点的悬吊平台。

离心限速式安全锁设有测速触发机构。安全钢丝绳由安全锁入绳口进入压紧轮与测速轮之间；在测速轮上设有离心甩块，当因提升机故障或工作钢丝绳破断，致使悬吊平台下降速度达设定值时，离心甩块触发锁绳机构动作，锁块则锁紧安全钢丝绳，使悬吊平台停止下降或坠落。其优点是应用面广，可用于各种类型的悬吊平台；缺点是对恶劣环境适应性差，抗干扰性差，锁内进水或积尘都会影响其触发机构的灵敏度。

3. 悬挂机构

悬挂机构是通过悬挂在前端的钢丝绳，承受悬吊平台升空作业时的全部自重、工作载荷和风载荷等所有悬吊载荷。

由于建筑结构形状各异，吊篮的悬挂机构类型较多。按力矩平衡方式不同，吊篮悬挂机构大致分为杠杆式（图 2-1-5）和附着式（图 2-1-6）两种类型。

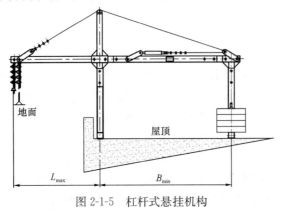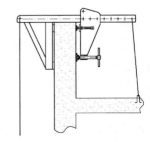

图 2-1-5　杠杆式悬挂机构　　　　图2-1-6　附着式悬挂机构

　　杠杆式悬挂机构的特点是适用范围宽，对安装现场无特殊要求，可按照标准设计、定型批量生产，但需要用配重来满足其平衡要求，结构件数量多。目前，它在施工现场应用最为广泛。

　　附着式悬挂机构的特点是结构简单，零件数量少，不需大量配重块，机动性好，但适用范围较窄，使用的限制条件较多，如要求被附着的结构形状规则且具有足够强度。

　　4. 悬吊平台

　　悬吊平台是四周装有护栏，用于搭载作业人员、工具和材料进行高处作业的悬挂装置。

　　最常用的普通悬吊平台底板为长方形，配置二组吊架（或称安装架）。吊架一般设置在悬吊平台两端（图 2-1-7），也有少数吊篮的吊架设置在悬吊平台中间（图 2-1-8）。两种吊架设置各有所长。前者的吊架结构简单，重量轻；后者使悬吊平台受力合理，尤其适用于长度较大的悬吊平台。

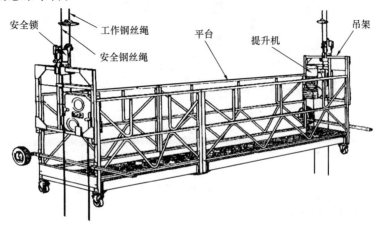

图 2-1-7　吊架设在两端的普通悬吊平台

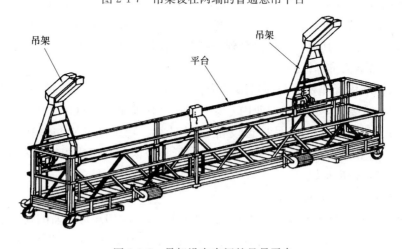

图 2-1-8　吊架设在中间的悬吊平台

　　5. 钢丝绳

　　钢丝绳是承受悬吊平台全部载荷的主要受力构件。《高处作业吊篮》（GB 19155）规定：吊篮的每个吊点（悬挂点）必须设置两根钢丝绳，一根为工作钢丝绳，一根为安全钢丝绳。工作钢丝绳的作用是牵引悬吊平台升降，并且承受悬吊平台悬空作业的全部载荷。安全钢丝绳的作用是与安全锁配套，对悬吊平台起安全保护作用。

6. 电气控制系统

电气控制系统（图 2-1-9）由电控箱、电磁制动电机、上限位开关和手持按钮盒等组成。在电控箱上设有上升、下降操作按钮、转换开关和急停按钮。控制回路的电压通常采用 24～36V 安全电压。吊篮工作时，可在电控箱面板上操作，也可使用手持按钮盒操作。转换开关可控制电机同时运行或单独运行。当转换开关转至中间位置时，左、右两侧电机同时运行；转至一侧时，实现该侧单机运行，用于调整悬吊平台水平度或摆臂防倾式安全锁的现场检测。

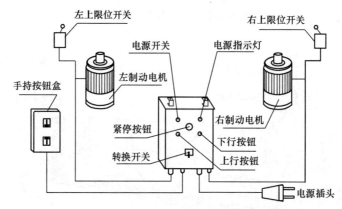

图 2-1-9　电气系统图

三、高处作业吊篮相关标准介绍

（一）高处作业吊篮国家标准

吊篮的现行国家标准是《高处作业吊篮》（GB 19155）。该标准规定了吊篮的定义、分类、技术要求、试验方法、检验规则、标志、包装、运输、贮存及检查、维护和操作，属于强制性国家标准。其中，直接关系到产品及其使用安全的条款规定为强制性条文，共计 18 条，其余条款为推荐性的。

根据国家标准化管理委员会项目编号为：20101912-Q-604 的计划任务，全国升降工作平台标准化技术委员会正在组织业内专家对《高处作业吊篮》（GB 19155）标准进行修订。该标准参照欧洲标准《悬吊接近设备-设计计算、稳定性准则与制造-检验与试验》rpEN1808：2011 相关内容进行修改，充实增加了相应内容，适当提高了相关技术要求，进一步与国际先进标准接轨。

（二）高处作业吊篮行业标准

《建筑施工工具式脚手架安全技术规范》（JGJ 202—2010）是吊篮的现行建设工程行业标准，规范了工具式脚手架（包括吊篮）的设计、制作、安装、拆除、使用及安全管理。该标准规定了 5 条强制性条文，要求必须严格执行。

《高处作业吊篮安装、拆卸、使用技术规程》（JB/T 11699—2013）是由国家工业和信息化部 2013 年 12 月 31 日发布，于 2014 年 7 月 1 日实施的机械行业标准。该标准属于推荐性标准，由范围、规范性引用文件、术语和定义、基本规定、吊篮的安装、吊篮的使用、吊篮的拆卸等 7 章组成，重点对吊篮安装单位的条件、吊篮安装拆卸工程专项施工方案应包括的主要内容、吊篮施工相关单位（施工总承包单位、监理单位、安装拆卸单位、租赁单位、使用单位）的工作内容与职责、吊篮安装条件、安装作业规程、安装后自检和验收、吊篮使用前准备工作、操作使用安全规定、检查保养和维修等作了具体规范。

第二节　高处作业吊篮的进场查验

目前，高处作业吊篮尚未纳入特种设备管理范围。在生产领域，存在着吊篮制造企业良莠不齐，产品质量相差甚远的问题；在流通领域，存在着吊篮租赁市场混乱，低价无序竞争助推大量劣质吊篮产品涌入施工现场的问题；在施工现场，存在着管理不善的问题。这些问题都会导致吊篮施工安全事故的发生。因此，对吊篮在进入施工现场前进行查验是十分重要的。根据《建设工程安全生产管理条例》的规定，未经进场查验或者查验不合格的产品，严禁在施工现场安装和使用。

一、高处作业吊篮进场查验的基本方法

对于吊篮进场查验工作，应当落实进场查验的组织，配备进场查验的工具，确定评判方法。

（一）进场查验的组织

吊篮进场查验应由吊篮使用单位会同吊篮产权单位、安拆单位、工程监理单位共同进行并做好查验记录，经参与查验各方签字后，由吊篮使用单位存档备查。实行施工总承包的，应由总承包单位负责组织吊篮进场查验。

（二）进场查验的基本工具

进场查验通常使用钢板尺、游标卡尺和钢卷尺等通用量具。

1）钢板尺主要用于测量结构件的横截面等尺寸，如图 2-2-1。

图 2-2-1　钢板尺

2）游标卡尺主要用于测量结构件的壁厚等尺寸，如图 2-2-2。

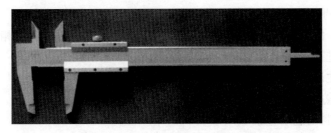

图 2-2-2　游标卡尺

3）钢卷尺主要用于测量结构件的长度和孔距等尺寸，如图 2-2-3。

图 2-2-3 钢卷尺

（三）进场查验的评判方法

1. 结构件的评判

根据现行《高处作业吊篮》（GB 19155），对结构件报废规定如下：（1）吊篮主要结构件由于腐蚀、磨损等原因使结构的计算应力提高，当超过原计算应力的 10% 时应予以报废；对无计算条件的，当腐蚀深度达到原构件厚度的 10% 时，应予以报废；（2）主要受力构件产生永久变形而又不能修复时，应予以报废；（3）悬挂机构、悬吊平台和提升机架等整体失稳后不得修复，应予以报废；（4）当结构件及其焊缝出现裂纹时，应分析原因，根据受力和裂纹情况采取加强措施，在达到原设计要求时才能继续使用，否则应予报废。

2. 吊篮提升机的评判

重点应查验出厂日期（以确定其使用年限）。吊篮提升机的使用年限可参照《建筑起重机械安全评估技术规程》（JGJ/T 189）的规定，"出厂年限超过 5 年（不含 5 年）的 SS 型施工升降机"应由具有资质的评估机构进行安全评估合格后，可继续使用。安全评估不合格的提升机不准进入施工现场。

3. 安全锁的评判

依据其标定证书所标定的有效期限进行评判。超过标定期限的安全锁不准进入施工现场。

4. 钢丝绳的评判

依据《起重机 钢丝绳保养、维护、安装、检验和报废》（GB/T 5972）的规定进行评判。对于出现下列情况之一的钢丝绳应予以报废，不准进入施工现场：（1）在一个捻距内，断丝数量超过钢丝绳总根数 5% 的；（2）钢丝磨损或腐蚀超过钢丝直径 40% 的；（3）钢丝绳直径减小超过公称直径 7% 的；（4）钢丝绳局部被压扁或发生严重扭结、弯曲或被电焊灼伤等局部缺陷的。

5. 查验争议的解决

对于进场查验的吊篮质量有重大争议的，由吊篮产权单位委托具有相应计量认证资格的专业检验机构进行检验。

二、高处作业吊篮进场查验的主要内容

吊篮进场应重点查验相关资料是否齐全，主要组成件是否完好。

（一）相关资料的进场查验

主要是：（1）吊篮设备档案（包括进场吊篮的生产厂家、出厂日期、提升机和安全锁的编号及检修保养记录等信息）；（2）吊篮产品型式检验报告；（3）吊篮产品出厂检验合格证书；（4）安全锁标定证书；（5）钢丝绳质量合格证明；（6）吊篮产品使用说明书。

（二）主要组成件的进场查验

吊篮的主要组成件包括主要部件、结构件和配套件。

1. 主要部件

吊篮的主要部件包括提升机、安全锁和电气控制部分。

（1）提升机查验要求：外壳平整、无明显砂眼、气孔、疤痕或明显机械损伤；不得存在裂纹；铭牌完整清晰；进绳口内孔尺寸不超过 2 倍钢丝绳直径；不存在漏油或明显渗油现象。

（2）安全锁查验要求：外壳平整，无明显机械损伤；运动部件无阻卡现象；铭牌完整清晰。

（3）电气控制部分查验要求：电控箱外壳平整，无明显变形，门锁完好无损；电控箱内元器件完好无损，布线规则整齐，不存在飞线现象；行程开关、按钮、旋钮、指示灯、插座完好无损；电缆线绝缘外皮无严重破损或挤压变形；电源电缆不存在中间接头。

2. 主要结构件

吊篮的主要结构件包括悬挂机构和悬吊平台。

（1）悬挂机构查验要求：结构件无裂纹、明显锈蚀、扭曲或死弯；焊缝无裂纹；结构件的实际壁厚和截面尺寸的偏差，分别不大于吊篮产品使用说明书中标明的设计壁厚 10% 和设计截面尺寸 5%。

（2）悬吊平台查验要求：结构件无裂纹、明显锈蚀、扭曲或死弯；焊缝无裂纹；结构件的实际壁厚和截面尺寸的偏差，分别不得大于吊篮产品使用说明书中标明的设计壁厚 10% 和设计截面尺寸 5%；工作面的护栏高度不低于 0.8m，其余护栏高度则不低于 1.1m；护栏承受 1000N 集中载荷不出现永久变形；四周底部设有高度不小于 150mm 的踢脚板。

3. 主要配套件

（1）钢丝绳查验要求：在一个捻距内，断丝不超过钢丝绳总根数的 5%；钢丝磨损或腐蚀不超过钢丝直径的 40%；钢丝绳直径减小不超过公称直径 7%；无被压扁、严重扭结、弯曲或被电焊灼伤等局部缺陷。

（2）安全绳查验要求：不存在松散、断股、打结、割伤；不存在明显老化、腐蚀现象。

（3）配重查验要求：重量必须符合吊篮生产厂家的设计规定，且具有永久性重量标记；无明显的缺棱少角等破损现象；严禁使用液体或散状物体做配重填充物。

第三节　高处作业吊篮施工现场的安装和拆卸

一、高处作业吊篮的安装基本程序

（一）安装前的准备工作

1. 编制专项施工方案和安全技术交底

（1）专项施工方案的编制要求

　　依据《建设工程安全生产管理条例》和住房城乡建设部《危险性较大的分部分项工程安全管理办法》（建质〔2009〕87号），吊篮安拆单位应当编制吊篮安装拆卸专项施工方案。对于特殊建筑结构或者非标吊篮的安装拆卸，吊篮安拆单位应当组织专家对吊篮安全专项施工方案和非标吊篮生产厂家提供的专项设计计算书进行论证审查。吊篮安装拆卸专项施工方案经施工单位技术负责人、总监理工程师签字后实施，由专职安全生产管理人员进行现场监督。

　　（2）吊篮安装拆卸专项施工方案的主要内容

　　主要内容是：1）工程概况，包括吊篮安装位置平面布置图、施工要求和技术保证条件；2）编制依据，包括相关法律、法规、规范性文件、标准、规范等；3）安装拆卸施工计划，包括施工进度计划、材料与设备计划；4）安装拆卸工艺技术，包括技术参数、作业流程、施工方法、检查验收等；5）施工安全保证措施，包括组织保障、技术措施、应急预案、监测监控等；6）劳动力计划，包括安全生产管理人员、现场指挥人员、安装拆卸作业人员等；7）设计计算，包括特殊悬挂机构的受力及抗倾覆分析与计算。

　　（3）安装拆卸前安全技术交底的主要内容

　　主要内容是：1）安装拆卸作业人员的指挥与分工；2）待安装吊篮的性能参数；3）安装与拆卸的程序和方法；4）各部件的连接形式及要求；5）悬挂机构及配重的安装要求；6）安装拆卸的安全操作规程和应急预案。

　　2. 检查安装场地及施工现场环境条件

　　主要内容是：（1）运输吊篮零、部、构件的车辆进场路线与卸料场地的安全性。（2）现场供电和配电应符合规范要求。（3）吊篮安装位置与输电线之间的安全距离应不小于10m。（4）吊篮安装位置与塔机、施工升降机、物料提升机之间应保持安全距离。（5）悬挂机构安装位置的建筑物的承载能力应符合产品说明书或设计计算书要求。

　　3. 检查安装工具设备及劳保用品

　　主要内容是：（1）检查安装拆卸用工具、仪表、设施和设备，并确认其完好；（2）检查安装拆卸作业警示标志，并确认其设置位置适当、醒目；（3）检查安全绳、安全带、自锁器和安全帽，并确认其数量充足，质量符合相关标准规定，且未达到报废程度。

　　4. 清点待装零部件

　　主要内容是：（1）清点所有待装零部件，并确认是经过检修合格的，且在规定使用期限内；（2）清点所有待装结构件，并确认其无明显弯曲、扭曲或局部变形；（3）清点安全装置，并确认其有效、可靠、齐全，安全锁在有效标定期内；（4）按整机安装数量清点零部件、结构件、配套件和紧固连接件的数量。

　　（二）安装作业基本程序

　　1. 地面部分的安装步骤

　　主要安装步骤如下：

　　（1）将可拆装式悬吊平台组装成整体，如图2-3-1。

　　（2）用高强螺栓把提升机连接，并固定在平台安装架上。

　　（3）用高强螺栓把安全锁连接，并固定在平台安装架上。

　　（4）将电控箱固定在悬吊平台栏杆上。

　　（5）接线：将左、右提升电动机的动力线和左、右上行程限位开关的控制线，通过防

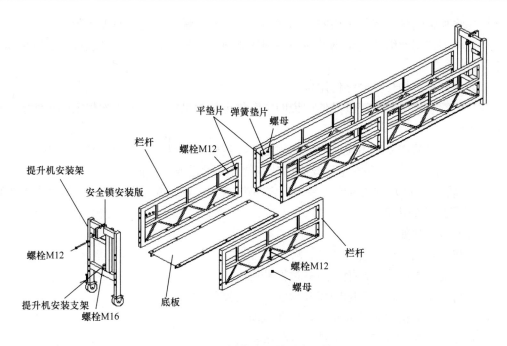

图 2-3-1 可拆装式悬吊平台组装图

水插头分别连接到电控箱上；将电源线插头连接到电控箱上。

2. 屋顶部分的安装步骤（图 2-3-2）

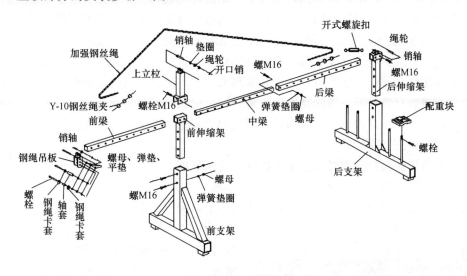

图 2-3-2 屋面悬挂机构组装图

主要安装步骤如下：

（1）将需要在屋顶进行组装的悬挂机构零部件垂直运输到屋面上。

（2）将前、中、后三段横梁插接成整根横梁。根据使用要求确定横梁总长度，用销轴或螺栓加以固定。

（3）将前、后支架分别进行组装，根据使用要求确定支架总高度，用销轴或螺栓加以固定。

（4）将横梁安装到前、后支架上。

（5）将加强钢丝绳张紧机构安装到横梁上，对开式螺旋扣进行适度张紧。

（6）将工作钢丝绳和安全钢丝绳安装到横梁前端的吊点处，用销轴或螺栓进行可靠的固定。

（7）将悬挂机构移至最终使用位置。

（8）将配重块按"吊篮产品使用说明书"规定的数量安装在后支架规定的位置上，进行可靠固定。

（9）按"吊篮产品使用说明书"的规定，在钢丝绳上端安装上行程限位挡块。

（10）将工作钢丝绳和安全钢丝绳沿建筑物外立面垂放至地面。

（11）将安全绳（俗称生命绳）一端固定在建筑物上，另一端沿建筑物外立面垂放至地面。

3. 整机连接的步骤

主要安装步骤如下：

（1）将安全钢丝绳穿过安全锁。

（2）点动电动机将工作钢丝绳穿过提升机。

（3）将悬吊平台提升至刚刚离开地面，然后停住。

（4）将剩余的钢丝绳盘成卷后，放在地面。

（5）在钢丝绳下端安装绳坠铁（也称重锤）。

（三）安装后的自检与调试

由安装单位技术负责人组织安全质量检验员对安装后的吊篮进行自行检查，主要是：（1）检查悬挂机构各连接处应牢固，无缺失；结构件无破裂脱焊现象；配重放置正确，无短缺和严重破损；钢丝绳端部固定正确，未达到报废标准；安全钢丝绳下端悬吊的重锤安装正确。（2）检查悬吊平台结构件无破裂脱焊现象；提升机、安全锁与平台连接牢固。（3）检查电气系统的电源电缆端部，应正确固定在平台栏杆上；插头、控制按钮、上限位开关、手持按钮盒等应完好、可靠、无漏电现象。（4）通电后检查提升机运转应正常；安全锁锁绳应灵敏有效；手动滑降功能应正常。（5）空载与满载各运行3次以上，检查制动器应灵敏可靠。（6）自检与调试合格后，填写自检报告，经安装单位技术负责人签字后，报请吊篮使用单位会同相关单位进行检查验收。

二、高处作业吊篮的安装安全技术措施及注意事项

（一）悬挂机构安装安全技术措施及注意事项

（1）前、后支架应放置在扎实稳定的支承面上，配重要牢固地安装在后支架上，且采取防止脱落的固定措施，如图2-3-3、图2-3-4。

（2）加强钢丝绳张紧程度，必须严格按"吊篮产品使用说明书"的规定进行，过度张紧可能造成横梁失稳破坏，而过松则降低钢丝绳的加强作用，使横梁受力过大，发生永久变形或断裂。

（3）前梁外伸不得超过"吊篮产品使用说明书"规定的最大外伸尺寸 L_{max}；前、后支架之间的水平距离不得小于"吊篮产品使用说明书"规定的最小距离 B_{min}；配重数量（重量）不得少于"吊篮产品使用说明书"的

图 2-3-3　前支架未垫扎实示例

图 2-3-4　配重采取了有效固定措施示例

规定，确保悬挂机构的抗倾覆力矩与倾覆力矩之比不小于 2，如图 2-3-5。

（4）横梁安装只允许前端略高于后端，其水平高度差 $\Delta H \leqslant 2\%$ 横梁总长，如图2-3-6。

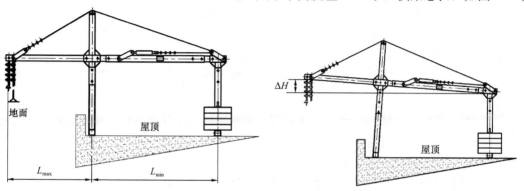

图 2-3-5　悬挂机构安装示意图　　　　　　图 2-3-6　横梁安装示意图

（5）悬挂机构吊点间距与悬吊平台吊点间距偏差 $A-B \leqslant 50\text{mm}$，如图 2-3-7。

（6）不准将横梁直接安装在女儿墙或其他支撑物上，如图 2-3-8。

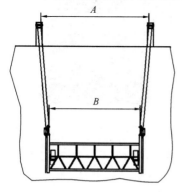

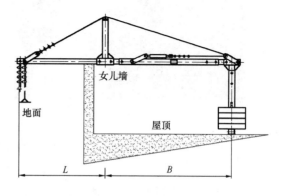

图 2-3-7　吊点间距偏差示意图　　　　　图 2-3-8　错误安装示意图

（7）前支架的上立柱和下支座的中心线必须处在同一铅垂线上，如图 2-3-9。

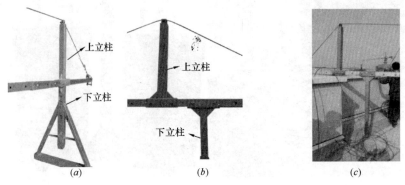

图 2-3-9 前支架安装示意图
(*a*) 正确；(*b*) 错误；(*c*) 错误

（8）如果受到现场安装空间或施工条件所限，在安装时需要对"吊篮产品使用说明书"的某项规定进行调整或变动时，须征得吊篮制造厂家的同意，并在其技术指导下进行调整或变动，以确保施工安全。

（二）悬吊平台及相关部件安装的安全技术措施及注意事项

（1）应采用与原厂配套紧固件规格和强度等级相同的紧固件，对各相关构件进行连接。

（2）提升机和安全锁与平台的连接，应采用原厂配套的专用销轴。插入销轴后，应将其端部锁止，防止意外脱落。

（3）组装要完整、齐全，不得少装、漏装。

（4）所有螺栓必须按标准加装垫圈，所有螺母均应紧固，螺栓头部露出螺母 2-4 扣。

（5）开口销尾部分开角度不小于 30°。

（三）钢丝绳安装安全技术措施及注意事项

（1）安全钢丝绳必须独立于工作钢丝绳另行悬挂（GB 19155 的强制条款）。

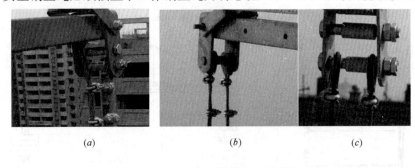

图 2-3-10 正确与错误安装示意图
(*a*) 正确；(*b*) 错误；(*c*) 错误

（2）安全钢丝绳宜选用与工作钢丝绳相同的型号、规格。

（3）在正常运行时，安全钢丝绳应处于悬垂状态，即必须在下端安装绳坠铁（重锤）。

（4）钢丝绳绳端的固定（图 2-3-11）应符合《钢丝绳夹》（GB/T 5976—2006）附录 A 的规定，即：1）承载绳夹的最少数量为 3 组；2）绳夹间距 $\geqslant 6d$（钢丝绳直径）；

3）所有绳夹座应安装在钢丝绳受力的一侧，不得一正一反交替布置。

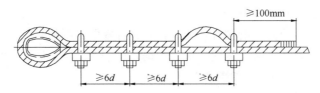

图 2-3-11　钢丝绳绳夹正确紧固示意图

建议：1）绳夹夹紧程度以将钢丝绳压扁 1/3 为宜。2）夹紧顺序，由左侧第一个绳夹开始，依次夹紧，夹紧时应尽可能使第一个绳夹靠近套环，但不得损坏外层钢丝。3）在第四个绳夹之前，宜设安全检查弯。

（四）安全绳与安全带安装安全技术措施及注意事项

（1）安全绳的性能指标应符合《坠落防护安全绳》（GB 24543）的规定，即绳体在构造上和使用过程中不应打结，在承受 22kN 的静力试验载荷下应无撕裂和破断。

（2）安全带的性能指标应符合《安全带》（GB 6095）的规定，即坠落悬挂安全带进行整体静态负荷测试，应满足下列要求：1）整体静拉力不应小于 15kN；2）不应出现织带撕裂、开线、金属件碎裂、连接器开启、断绳、金属件塑性变形、模拟人滑脱、缓冲器（绳）破断等现象；3）安全带不应出现明显不对称滑移或不对称变形；4）模拟人的腋下、大腿内侧不应有金属件；5）不应有任何部件压迫模拟人的喉部、外生殖器；6）织带或绳在调节扣内的滑移距离不应大于 25mm。

（3）将安全绳牢固地固定在建筑物或构筑物的结构上，不得以吊篮任何部位作为拴结点。

（4）在安全绳与女儿墙或建筑结构的转角接触处，垫上软垫或采取有效的防磨保护措施，如图 2-3-12。

（5）将安全带扣到安全绳上时，必须采用配套的专用自锁器或具有相同功能的单向自锁卡扣，并且注意自锁器不得反装。

图 2-3-12　安全绳错误安装示例

（五）整机安装安全技术措施及注意事项

（1）在雨、雪、大雾或风力超过五级的大风天气以及夜间，不得进行吊篮安装作业。

（2）在建筑物屋顶进行悬挂机构组装时，作业人员应与建筑结构边缘保持安全距离；在狭小场地作业时，作业人员和设备均应采取有效的防坠落措施。

（3）由建筑物顶部向下垂放钢丝绳时，作业人员应佩戴安全带，且把安全带固定在可靠的拴结点上，以防止高空坠落；应缓慢释放钢丝绳，注意防止钢丝绳因下放长度增加，其下降速度增快而导致失控引发事故。

（4）将连接提升机至电控箱的电缆线整齐地缠绕在平台护栏的中间栏杆上，避免电缆线受损或绊倒作业人员而发生意外。

（5）安装在钢丝绳上端的上行程限位挡块应紧固可靠，其与钢丝绳吊点之间应保持不小于 0.5m 的安全距离，如图 2-3-13。

（6）精确调整上限位开关的摆臂，确认其能够有效触碰限位止挡。

（7）须在安全钢丝绳下端安装绳坠铁（重锤），使安全钢丝绳始终处于绷直状态。重锤离开地面高度 100mm 为宜，如图 2-3-14。

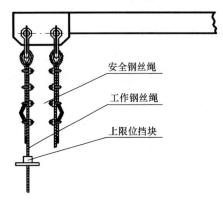
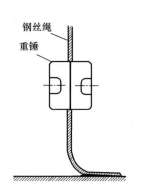

图 2-3-13　限位挡块安装示意图　　　图 2-3-14　重锤安装示意图

（8）将电源电缆的端部固定在平台栏杆上，避免因电缆自重过大致使插头松动或脱落。

（9）电源电缆悬垂长度超过 100m 时，应采取抗拉保护措施。

（10）通电后，应首先检查电源相序，确认无误后，方可继续操作。

三、高处作业吊篮的拆卸基本程序

（一）拆卸前的准备工作

主要是：（1）安拆人员首先应学习并熟知专项施工方案。（2）通知无关人员远离拆卸现场。（3）在拆卸现场设置警示标志或安全围栏。（4）对吊篮进行全面检查，登记零部件损坏的情况。（5）将悬吊平台下降到平整的地面或稳定可靠的固定平台之上。（6）在工作钢丝绳完全退出提升机后拉闸断电，方可继续进行拆卸施工。

（二）拆卸作业的主要步骤

吊篮拆卸应当遵循"先装的部件后拆"的步骤，依序进行。

四、高处作业吊篮的拆卸安全技术措施及注意事项

（一）电气设备拆卸安全技术措施及注意事项

主要是：（1）在拆卸电气设备之前，必须确认电源已经被切断。（2）应由电源端向用电器端进行拆除。（3）将拆下的电控箱放置在不易磕碰的位置，避免损坏。（4）将拆下的电源电缆卷成直径 60cm 左右的圆盘，并且扎紧放置到安全位置。

（二）钢丝绳拆卸安全技术措施及注意事项

主要是：（1）拆卸人员必须系好安全带后，方可将钢丝绳收回到屋顶。（2）将钢丝绳自悬挂机构上拆下后，卷成直径约 60cm 的圆盘，扎紧后摆放到平坦干燥处。

（三）悬挂机构拆卸安全技术措施及注意事项

主要是：（1）拆卸吊篮的屋顶部件时，其安全防护措施应符合《建筑施工高处作业安全技术规范》（JGJ 80）的规定。（2）拆卸分解后的零部件不得放置在建筑物边缘，须采取防止坠落的措施。（3）零散物品应放置在容器中，避免散落丢失或坠落伤人。（4）拆卸的配重应码放稳妥，不得堆放过高，防止倾倒伤人。（5）不得将任何零部件、工具和杂物从高处抛下。

（四）悬吊平台及相关部件拆卸安全技术措施及注意事项

主要是：（1）拆卸人员从悬吊平台上拆卸提升机时，须配合默契、统一，防止被挤伤或砸伤。（2）将拆下的平台结构件分类码放整齐，堆放不宜过高。（3）将拆下的提升机、安全锁和电控箱分类码放，不得相互挤压或碰撞。

五、高处作业吊篮安装和拆卸过程中常见问题的处理

（一）安装过程中常见问题的处理

1. 悬挂机构安装常见问题的处理

（1）施工现场不具备安装前支架的条件，需将横梁放置在女儿墙上时，应确认女儿墙能否承受吊篮工作时产生的最大载荷，若确认不能则须另行解决；应采取有效措施将横梁固定或稳妥地卡在女儿墙上，以防止横梁滑移或侧翻。

（2）横梁外伸长度过长或横梁架设过高，超出"产品使用说明书"规定的范围时，须由吊篮制造厂家提供非标吊篮专项施工方案和设计计算书，并经专家论证审查确认安全后方可投入使用。

（3）施工现场无法安装吊篮原配标准悬挂机构须架设特殊悬挂机构时，应由吊篮制造厂家提供特殊悬挂机构，并出具相应的专项施工方案、设计计算书和"出厂检验报告"，经过专家论证审查确认安全后方可投入使用。

图 2-3-15　错误安装方式示例

2. 悬吊平台及相关部件安装常见问题的处理

（1）平台安装长度超出"产品使用说明书"规定的范围时，须由吊篮制造厂家提供设计计算书和"出厂检验报告"，经过专家论证审查确认安全后方可投入使用。

（2）在主悬吊平台侧面外挂辅助平台时，须由吊篮制造厂家提供设计计算书和"试验报告"，经过专家论证审查确认安全后方可投入使用。

（3）安装除矩形平台之外的异型平台时，须由吊篮制造厂家提供设计计算书和"型式检验报告"，经过专家论证审查确认安全后方可投入使用。

3. 钢丝绳安装常见问题的处理

（1）钢丝绳穿入提升机或安全锁不顺畅时，检查钢丝绳头部是否规整，必要时进修磨，如图 2-3-16；检查提升机或安全锁进绳通道是否通畅。

图 2-3-16　钢丝绳头部修磨示意图

（2）钢丝绳过长时，可把富余的钢丝绳存留在悬挂机构的吊点以上；将钢丝绳固定在吊点处后，把剩余的钢丝绳卷绕成卷挂在前支架上。

4. 安全绳安装常见问题的处理

（1）不允许直接把安全绳固定在悬挂机构上，应该另行寻找适合拴结安全绳的建筑结构，避免与悬挂机构同时失效。

（2）把安全绳拴结在开放型建筑结构上是非常危险的，应该另行寻找封闭型建筑结构来拴结安全绳，避免安全绳从开放型建筑结构上脱出。

5. 整机安装后常见问题的处理

（1）同一吊点的安全钢丝绳与工作钢丝绳在空中相互缠绕时，须及时排除缠绕现象，必要时把安全钢丝绳从安全锁中退出；排除缠绕现象后，重新把安全钢丝绳穿入安全锁。

（2）接上电源后，电源指示灯不亮，可能电源未接通，检查电控箱电源开关；若进线端有电，出线端无电，则电源开关失效或损坏，则修理或更换电源开关；检查漏电保护器，重新合闸，若脱扣试验按钮自动弹出，则电气系统存在漏电之处，必须排除；若按钮未弹出，但出线仍无电，则漏电保护器损坏，应进行修理或更换；检查相序保护器（不是吊篮必设元件），若红色指示灯亮，则表明电源相序不正确，应更正相序，如果是电源缺相应查明缺相原因并解决；检查主回路熔断器，若熔断器熔断，须先查明系统有无短路之处，排除后更换熔芯；如果控制变压器损坏，更换变压器；如果电源指示灯损坏，更换灯泡。

（3）接通电源后，提升机不动作：如果热继电器未复位或损坏，按下复位按钮或更换热继电器；如果急停按钮未复位，进行复位；如果控制回路熔断器熔断，更换熔芯；如果接触器失效或损坏，修复或更换接触器；如果启动按钮失效或损坏，修复或更换按钮；如果电动机及其接线问题，排除接线问题或更换电动机。

（4）电动机只响不转：如果电源、电控箱内部、电动机与电控箱之间缺相或电动机内部断相，逐一排除或更换电动机；如果提升机被卡住；如果提升机内部传动系统被卡住或钢丝绳卡在提升机内，则将提升机解体进行排除。

（5）提升机空载启动正常，加载启动异常：如果电源电压低于340V，应解决电源问题；如果接入电控箱的电源电缆过长或过细，则更换电源缩短电缆长度或换成大截面电缆，以降低电阻；如果电动机起动力矩过小，则更换电机。

（6）松开操作按钮停不住车：如果接触器触点粘连，则修复或更换接触器；如果按钮被卡住或损坏，则排除或更换按钮。

（7）断电后提升机下滑：如果提升机制动器失灵或损坏，则调整或更换制动器；如果提升机夹（压）绳机构失灵，则更换磨损超标的零件或调整弹簧压力或更换弹簧；如果钢丝绳表面沾有油污，则清除油污。

（8）上行程限位装置不起作用：如果电源相序接反，则更换相序；如果限位开关碰不到限位挡块，则调整二者之间的相互位置，使之有效接触；如果限位开关失灵或损坏，则修复或更换限位开关。

（9）安全锁失灵或失效：主要是安全锁锁绳距离或锁绳角度过大，安全锁不锁绳。应当注意：发现安全锁失灵或失效，必须及时更换安全锁。对于存在问题的安全锁，必须由制造厂进行修复并且重新标定。

（二）拆卸过程中常见问题的处理

1. 在薄壁管件套装插接处因锈蚀严重致使拆分困难

（1）可在管口对接处垫上木块用手锤敲击振动，使锈蚀粘接处松动后，再行拆分。

（2）拆分后，应及时对锈蚀的部位进行除锈和涂防锈漆。

2．薄壁管件套装插接处因变形严重致使拆分困难

（1）切忌生扳硬撬损坏管件。

（2）找准变形部位，沿反变形的方向用手锤敲击，并在敲击的同时向外拉拔管件，直至拆开为止。

（3）拆分后，应及时对变形部位进行矫正，使其恢复正常状态。

3．遇到锈蚀严重无法拆卸的销轴和螺栓

（1）在锈蚀部位点上少许煤油。

（2）浸润几分钟后，再进行拆卸。

4．遇到必须带电拆除电源电缆（限 500V 以下）

（1）工作前需经主管部门批准，操作人员应有允许低压带电工作安全合格证。

（2）应由两人进行，一个监护，一人操作。

（3）监护人和操作人均应穿戴整齐，身体不准裸露。

（4）应穿合格的绝缘靴，戴干净干燥的手套，并站在梯子或其他绝缘物上工作。

（5）带电部位应在操作人的前面，距头部不小于 0.3m，同一部位不允许二人同时进行带电作业。操作人员的左右后侧，在 1m 内如有其他带电导线或设备，应用绝缘物隔开。

（6）监护人应精神集中地观察操作过程，随时准备拉闸断电，防止意外发生。

（7）雷、雨、大雾及潮湿天气不准进行室外带电拆除作业。

第四节　高处作业吊篮施工使用前的验收

一、高处作业吊篮施工使用前的验收组织

高处作业吊篮属于在施工现场使用的自升式设备设施。按照《建设工程安全生产管理条例》（国务院令 393 号）的规定，施工单位在使用吊篮前，应当组织有关单位进行验收，也可以委托具有相应资质的检验检测机构进行验收。

使用承租的吊篮设备，由吊篮使用单位会同吊篮产权单位、安拆单位、工程监理单位共同进行验收，验收合格的方可使用。实行施工总承包的，由总承包单位组织验收，验收合格的方可使用。

二、高处作业吊篮施工使用前的验收程序

主要程序是：（1）由吊篮安装单位先行组织自检；（2）安装单位自检合格后，将自检记录存档备查；（3）由安装单位报请吊篮使用单位组织验收；（4）由使用单位组织吊篮出租单位、安装单位和工程监理单位共同进行验收；（5）对验收合格的吊篮，经参与验收各方签字后方可投入使用；（6）验收记录由吊篮安装单位、使用单位分别存档备查；（7）吊篮安装验收合格后，应当在吊篮显著位置上挂设验收合格牌，标明验收单位、验收人、联系电话，并明确限载重量和限载人数等。凡未经验收或者验收不合格的吊篮，严禁投入使用。

三、高处作业吊篮施工使用前的验收内容

（一）悬挂机构的验收内容

主要验收内容如下：

（1）横梁高度和外伸长度不得大于"产品使用说明书"规定；如超出"产品使用说明书"规定的，属于非标悬挂机构。

（2）非标悬挂机构或特殊安装方式的悬挂机构，须由吊篮出租单位提供通过专家评审签字的专项施工方案。

（3）横梁安装水平高度差不得大于横梁长度2%，且不得前低后高。

（4）前、后支架安装距离应大于悬吊平台两吊点之间距离，且距离偏差不大于50mm。

（5）前、后支架与支承面的接触应稳定牢固。

（6）前支架的上立柱应与下支架安装在同一条铅垂线上。

（7）将横梁安装在女儿墙或其他支撑物上时，须采取防止横梁滑移或侧翻的约束装置或约束措施。

（8）配重数量和重量不得少于"产品使用说明书"规定，不得明显缺角少棱，且码放整齐、固定牢靠。

（9）悬挂机构抗倾覆稳定性应符合"高处作业吊篮"（GB 19155）规定：在正常工作状态下，吊篮悬挂机构的抗倾覆力矩与倾覆力矩的比值不得小于2。

（10）加强钢丝绳的张紧程度应符合"产品使用说明书"规定。

（二）悬吊平台的验收内容

主要验收内容如下

（1）悬吊平台对接长度不得超过"产品使用说明书"规定。

（2）超长的悬吊平台须通过专家评审论证。

（3）悬吊平台零部件应齐全、完整，不得少装、漏装或混装。

（4）悬吊平台底部四周踢脚板的高度不得小于150mm；底板缝隙不得大于5mm。

（三）提升机与安全锁的验收内容

主要验收内容如下：

（1）提升机和安全锁均应采用专用螺栓或销轴与悬吊平台可靠连接。

（2）提升机进绳口内孔磨损后的尺寸不得超过2倍钢丝绳直径。

（3）提升机外壳应平整无严重机械损伤，不得存在裂纹；铭牌完整清晰。

（4）提升机不得存在漏油或明显渗油现象。

（5）安全锁应在有效标定期内。

（6）安全锁外壳应平整，无严重机械损伤；运动部件无阻卡现象；铭牌完整清晰。

（四）钢丝绳的验收内容

主要验收内容如下：

（1）工作钢丝绳和安全钢丝绳的规格型号应相同，且应与"产品使用说明书"相符。

（2）钢丝绳不得超过《起重机械用钢丝绳检验和报废实用规范》（GB/T 5972）的规定（详见第二节一、（三）4.）。

（3）钢丝绳不得存在突出表面的附着物或缠绕纤维等异物。

（4）钢丝绳的绳端固定，须符合《钢丝绳夹》（GB/T 5976）的规定［详见第三节二、（三）（4）］。

（5）在钢丝绳回弯处，须使用鸡心环进行保护。

（五）安全绳的验收内容

主要验收内容如下：

（1）安全绳的性能指标，应符合《坠落防护安全绳》（GB 24543）的规定 ［详见第三节二、（四）（1）］。

（2）安全绳表面无锐器割伤、断股、集中断丝或严重拉毛等缺陷。

（3）安全绳应固定在有足够强度的封闭型建筑结构上，绳端固定应牢靠；严禁固定在吊篮的任何部位上。

（4）在安全大绳拐角处与构筑物接触的部位，须采取加垫橡胶皮（比如轮胎）等软体材料以防磨断保护措施。

（六）电气系统的验收内容

主要验收内容如下：

（1）电控箱应牢固地安装在悬吊平台护栏上。

（2）电缆线绝缘外皮无严重破损或挤压变形。电源电缆不得存在中间接头。

（3）电源电缆上端应固定或绑牢在平台护栏上。电源电缆悬垂长度超过 100m 时，应采取抗拉保护措施。

（4）连接各部件的电缆线应排列规整并且固定有序。

（5）电控箱外壳应平整，无明显变形；按钮、旋钮、指示灯、插座和门锁完好无损。

（6）电控箱内元器件应完好无损，布线规则整齐，不存在飞线现象。

（7）电气系统应采用三相五线制供电方式。

（8）电气系统应具备过热、短路、漏电和急停等安全保护功能。急停按钮应能切断主电源控制回路。

（9）带电零件与机体之间的绝缘电阻不应小于 $2M\Omega$。

（10）电气系统接地电阻不应大于 4Ω；应设有明显接地标志。

（七）吊篮整机的验收内容

主要验收内容如下：

（1）工作钢丝绳与安全钢丝绳不得安装在悬挂机构横梁的同一悬挂点上。

（2）安全钢丝绳的下端应安装绳坠铁。绳坠铁底部离地高度不应小于 100mm。工作钢丝绳是否安装绳坠铁，须按"产品使用说明书"的规定执行。

（3）安装在钢丝绳上端的行程限位挡块应紧固可靠，能够与上限位开关有效触碰。挡块与钢丝绳固定点之间应保持不小于 0.5m 的安全距离。

（4）钢丝绳的长度应满足悬吊平台能够安全落地。

（5）所有连接螺栓应按规定加装垫圈，其头部应露出螺母 2～4 扣。

（6）所有销轴端部须安装防脱落装置。开口销开口角度应大于 30°。

（7）所有紧固件不得存在错装、漏装或混装现象，且确认均已紧固到位。

（8）所有结构件无明显局部变形或整体严重塑性变形；管件磨损或锈蚀不得大于设计壁厚的 10%。

（9）所有焊接件的焊缝不得存在肉眼可见裂纹。

（10）吊篮任何部位与输电线的安全距离不应小于 10m。如受条件限制，应具有供电部门书面意见，且采取相应的安全防护措施。

（11）每台吊篮须配备一机、一闸、一漏电保护的专用配电箱。

（八）吊篮试运行的验收内容

主要验收内容如下：

（1）空载试运行

主要是：1）在悬吊平台距地面2m的高度范围内，做三次升降运行。2）检查电源相序、操作按钮及电器元件，提升机起动、运行和制动无异常，手动滑降机构应灵敏有效，悬挂机构应正常。

（2）额定载重量试运行

主要是：1）在悬吊平台中加入额定载重量，其中包括机上人员重量。2）将悬吊平台升至离地1m以内停止运行，检查提升机制动器应灵敏有效，悬吊平台和悬挂机构应正常，试验安全锁锁绳性能应符合规定。3）将悬吊平台升至离地2m左右停止运行，试验手动滑降应正常有效。4）在悬吊平台升降过程中，试验急停按钮应正常有效。5）将悬吊平台升至最大高度，使上行程限位开关触及限位挡块，上行程限位装置应灵敏有效。

第五节　高处作业吊篮的施工作业安全管理

一、高处作业吊篮施工作业现场的危险源辨识

（一）安装与拆卸过程的危险源辨识

安装与拆卸过程中的危险源，主要来自于安拆人员、现场环境、施工组织与现场管理等四个方面。

1. 关于安拆人员的危险源辨识

吊篮安装拆卸属于（30m以上的）特级高处作业，其过程复杂、环境恶劣、专业性强、危险性大。因此，如果未经专业培训并取得相应证书的人员从事安拆活动，存在着有可能伤害本人、伤害他人或被他人伤害的危险性。例如，2002年在某小区，一名未经培训无资格证书的安拆人员由于不懂基本操作要领，在拆卸悬挂钢丝绳时连人带钢丝绳从33层楼顶坠落至地面，当场死亡。可见，应特别注意查验安拆人员是否经过严格的专业安全技术培训，并经过考核合格取得"建筑特种作业吊篮安装拆卸资格证书"。

此外，由于安装人员缺乏专业知识或安装不到位，还会遗留安全隐患，给吊篮使用方造成安全事故。例如，2005年10月在某仓库外墙修缮时发生一起吊篮坠落事故，事故原因是在吊篮安装时，安装人员未在悬挂钢丝绳的专用销轴的端部安装开口销（按规定必须安装开口销，以防止销轴退出）。当施工人员开动吊篮升到二楼时，销轴突然退出，导致钢丝绳脱落、平台倾斜，三名施工人员坠落，造成一死二重伤。

2. 关于现场环境的危险源辨识

在安装作业之前，首先需要确认用于架设标准吊篮的悬挂支架的屋面承结构载能力能否满足使用说明书的要求；确认所安装的非标吊篮的悬挂支架的基础与屋面结构承载能力、预埋件、锚固件等是否符合吊篮安拆专项施工方案的要求。如果用于安装吊篮的基础结构不能满足要求，强行或者勉强进行安装，则是吊篮安装施工的最大危险源之一。

在安装作业之前，还需确认在安装作业范围是否设置了警戒线或明显的警示标志，确认是否存在垂直交叉作业的情况，否则将存在坠物伤人的危险性。

在恶劣的气候条件下作业，例如遇雷雨、大风、冰雪天气进行吊篮安拆作业，也存在发生事故的危险性。为此，《高处作业吊篮安装、拆卸、使用技术规程》（JB/T 11699）明确规定："当遇到雨天、雪天、雾天或工作处风速大于 8.3m/s 等恶劣天气时，应停止安装作业。"

在光线昏暗处或夜间进行吊篮安拆作业，难以发现和避免潜在危险的发生。为此，《高处作业吊篮安装、拆卸、使用技术规程》（JB/T 11699）规定，"夜间应停止安装作业。"

3. 关于施工组织的危险源辨识

有无专项施工方案、是否盲目进行安拆作业、非标安装吊篮的专项施工方案是否经过专家论证，都关系着吊篮安拆与使用的安全性。

没有专项施工方案，盲目进行安拆作业（图 2-5-1），具有极大的危险性和潜在的使用安全隐患。例如，2007 年在某商厦进行幕墙施工时，在没有专项施工方案情况下工人自行安装吊篮，因建筑结构不规则，所安装的悬挂机构横梁外伸长度超过了"产品使用说明书"规定的极限尺寸，且事前未经过计算校核，又未通过编制专项方案，也未采取相应的加强措施，在使用过程中一侧横梁因强度不足突然严重弯曲，致使悬吊平台大角度倾斜，幸亏

图 2-5-1　盲目安装引发事故的现场实况

四名作业工人系有安全绳，才没有发生坠落伤亡事故。

此外，严格查验非标吊篮的专项施工方案是否经过专家审核论证，也是降低或消除安装危险性的重要环节。在实践中，通常把专业制造厂按标准图纸批量生产的吊篮称作标准吊篮。对于标准吊篮只需严格按照制造厂"产品使用说明书"的各项规定进行安装，一般是能够保证使用安全的。但是，在施工现场存在着大量的由于建筑结构尺寸所限，需要超出"产品使用说明书"的规定进行安装，或由于受建筑构造特殊性的影响而采用特殊结构的非标吊篮。由于这些非标吊篮不仅超出了"产品使用说明书"规定的范围，而且情况各异，难以对其专项施工方案进行统一规范。因此，规定由具有丰富的吊篮施工安全理论与实践经验且具有高级技术职称的数名专家对专项施工方案进行论证是十分重要的。专家论证的重点应当是针对设计计算书及施工方案的安全可靠性，以避免因施工方案的错误或缺陷而发生安全事故。例如，2007 年在某工厂宿舍楼进行外墙施工时，吊篮安装人员擅自将吊篮的横梁左、右各一根，间隔 6m 直接放在两栋楼之间天井处的女儿墙上，在两端未做任何可靠的固定，将其用于悬挂吊篮平台。由于女儿墙顶部向内倾斜，在吊篮使用过程中，因晃动使其中一根横梁的一端滑入女儿墙内壁而使整根横梁坠落，造成平台倾覆，两名作业人员当场坠落死亡。对于如此明显的吊篮安装缺陷问题，如果经过专家论证审核把关，将能得到及时制止与纠正。

4. 关于现场管理的危险源辨识

施工现场缺乏有效的安全管理，具有各种潜在的危险。例如，安拆人员不按规定佩带

安全带、安全帽、穿防滑鞋和紧身工作服等安全防护不到位的危险；在楼层边沿堆放物料或物料堆放过高，发生人员被砸伤的危险；不将手持工具和零星物件放在工具包内或从高处向下抛撒物料或杂物，发生落物伤人的危险等，甚至施工现场堆物堆料杂乱无章都有可能引发安全事故。例如：2009 年在某工地，三名工人在 32 层楼顶安装吊篮时，由于施工现场十分混乱，安装工周某在楼顶边沿处被乱放在楼板上的钢丝绳绊了一下，当即从楼顶坠落，在慌乱中周某一把拽住钢丝绳，从高空坠落至一楼雨棚上，靠钢丝绳和雨棚的缓冲作用才奇迹般保住性命。

在安拆作业前，应当重视对安拆人员进行安全技术交底工作。这是加强现场管理，降低安装过程中危险性最直接最有效的途径之一。通过安全技术交底，对安拆人员提出具体的安全技术要求，引导安拆人员遵守安全操作规程，指导识别各类危险源的方法，可以有效避免或杜绝安全事故的发生。

（二）使用过程的危险源辨识

使用过程的危险源主要是，使用未经过验收的吊篮、使用未经过班前检查的吊篮以及吊篮操作者未经培训或安全技术交底或违章操作等。

（1）吊篮安装后在使用前未经过严格的检查与验收，将可能存在着许多安装时遗留的安全隐患。例如，2000 年 6 月在某综合楼施工现场，由于工人在安装吊篮时，忘记把连接销轴穿入悬挂机构后支架的上、下插接部分之间（图 2-5-2），埋下了安全隐患，在安装完毕后又未按规章制度进行检查验收便直接投入使用，丧失了排除安全隐患的机会。当平台升空受力后，一侧悬挂机构被拔出，在其坠落冲击之下，平台另一侧的吊架被撕断，致使平台整体坠落，造成二死一重伤的安全事故。

图 2-5-2　未穿连接销轴的吊篮引发事故的现场实况

（2）在每班首次作业前，都应当对吊篮进行严格的班前检查，否则将存在安装状态被改变的潜在危险。例如，2003 年 6 月在某施工现场，吊篮悬挂机构上原有的 32 块配重被人搬动，只剩下 4 块，由于作业人员未按操作规程作班前检查，没有及时发现此危险源，结果在更换一块中空玻璃时，一侧悬挂机构倾翻，三人从 60m 高处坠落全部当场死亡。

（3）作业人员未经过安全技术培训或未接受安全技术交底，存在误操作、盲目操作或违章操作的危险性。例如，2011 年 11 月在某施工现场，一名进城不足十天的农民工独自一人操作吊篮给幕墙打胶作业，当钢丝绳在提升机内被卡住时，由于未经过任何安全技术培训，不懂操作要领，反复上下按动按钮，企图解脱故障状态，但事与愿违，钢丝绳被拉断，平台突然向一侧大角度倾斜，该民工倒在平台底板上并滑出平台端部坠地身亡。

（4）安全操作规程是用鲜血甚至生命为代价总结出来的科学结晶。操作人员违反任何一项安全操作规程，都存在着直接引发施工安全事故的危险性。例如，在使用吊篮时不按规定设置安全绳或安全绳的绳端固定不牢，存在着丧失最后一道安全保护措施的危险性；不系安全带或安全带的自锁器未正确扣牢在安全绳上，也存在丧失保全人员生命的危险性等。还有许多其他违章现象，可对照本节"二、高处作业吊篮的安全操作规程"的相关内容。

（三）施工现场环境的危险源辨识

施工现场环境的危险源，主要是吊篮与周边高压电或其他运行设备之间的距离、天气条件、垂直交叉作业等相关因素。

（1）吊篮与周边高压电之间的距离如果小于规定的安全距离，且无防护措施，则存在触电的危险性。例如，2009 年 11 月 18 日在某大楼施工时，由于吊篮平台的晃动，触碰到 10kV 高压线，导致附近

图 2-5-3　高压线引发吊篮事故的现场实况

地区大面积停电，甚至影响到消防等重点单位的正常工作，如图 2-5-3。

（2）吊篮与周边其他运行设备之间缺少足够的安全距离，存在着机械碰撞或剐蹭等危险。例如，2008 年在某市高新技术核心区，正在繁华街道一侧的大厦外墙进行施工时，吊篮被架设在附近的塔吊剐蹭，造成吊篮作业人员发生伤亡事故。

（3）在吊篮作业区域下方应按规定设至警戒线或警示标志，否则存在坠物伤人的危险。例如，2005 年 3 月在某建设工地由于没有设置警示标志，发生吊篮坠落事故，不仅吊篮内的两名操作人员一死一伤，而且一名正在地面搞绿化的工人被坠落的吊篮砸死，发生了不应该发生的连带事故。

图 2-5-4　交叉作业的事故现场实况

（4）多工种立体交叉作业，缺少有效隔离封闭措施，存在着坠物伤人的危险。例如，2004 年 9 月在某工地，吊篮平台一端突然坠地，三名作业工人随平台一起坠地受伤；坠地的平台砸中下方正在装修作业的一名瓦工，经抢救无效死亡（图 2-5-4）。

（5）在恶劣的天气或条件下作业，如遇雷雨、大风、冰雪等极端天气时，应该及时停止吊篮作业，否则存在发生意外事故的危险；在光线昏暗处或夜间进行吊篮作业，难以发现和避免潜在危险的发生；在超出标准规定的环境温度条件下进行施工作业，也容易因人员不适应而发生意外事故；在施工过程中突遇断电，若操作不当也极易引发事故；在吊篮运行通道内存在凸起障碍物，也有可能引发事故。例如，2011 年 11 月在某市工地，当吊篮由地面上升至 12 层时，悬吊平台挂到墙面外檐处，操作者毫无知觉，直至钢丝绳被拉断，平台坠落，二人坠地身亡。可见，对施工现场环境条件的危险源缺乏足够的重视，也存在引发吊篮施工安全事故的潜在危险性。

（四）吊篮设备自身的危险源辨识

如果对吊篮设备及其部件、配套件处置不当，也有可能成为影响施工安全的危险源。

（1）使用不合格的吊篮产品或非正规厂家生产的劣质吊篮，具有极大的潜在危险。例如，2008年10月在某施工现场（图2-5-5），因吊篮平台结构件用材过薄，在使用中平台从中间部位断开，造成两名外墙施工人员一死一伤。

图2-5-5　使用劣质吊篮引发事故的现场实况

（2）使用超过使用年限或磨损过度的零部件，存在机毁人亡的危险性。例如，2010年在某施工现场，因一侧提升机失控致悬吊平台倾翻，两名施工人员从13楼高处坠落到地面当场死亡。经调查，该设备使用期限达10年以上，提升机内部的传动蜗轮的齿部已经全部被磨掉，蜗杆与蜗轮之间丧失了传递扭矩的作用，造成提升机直接下滑而发生坠落。

（3）提升机卡绳是吊篮在使用过程中比较常见的故障，只要按照本节"三、（二）施工作业现场紧急情况下的应急处置"介绍的方法，是可以安全排除该故障的。但如果不懂操作要领，采用反复按动升、降按钮的操作方法而企图强行排险的，将很容易造成险情。例如，2006年9月在某施工工地，两名操作工安装幕墙挂件，当吊篮下降到三层时，因钢丝绳扭曲变形严重被提升机卡住，操作工反复按动升、降按钮，致使钢丝绳破断，造成平台倾斜，两人全部坠地死亡。

（4）安全锁是吊篮最重要的安全保护装置，超过标定期限的安全锁是一个重要的危险源；使用未经班前试验或被人为捆绑失效的安全锁，则存在丧失安全保障作用的危险性。例如，2011年8月在某工地上，由于安全锁被人用焊条固定了摆臂，在平台发生倾斜时安全锁失去防坠保护功能，致使两名工人坠落，一死一重伤。

（5）防坠安全绳是保护吊篮操作人员生命安全的最后一道安全保护措施。因此，《高处作业吊篮》（GB 19155）规定，"吊篮上的操作人员应配置独立于悬吊平台的安全绳及安全带"。但是，不按规定设置安全绳或安全绳固定位置及方法不规范等现象，在施工现场司空见惯，这是非常严重的危险源。分析吊篮施工所发生的人员坠落伤亡事故，几乎都与此危险源直接相关。

（6）钢丝绳是吊篮设备用于承载与导向的重要配套件，也是吊篮使用过程的重要危险源。经对吊篮安全事故原因的分析统计，因钢丝绳破断所引发的吊篮事故占比高达1/3以上。因此，必须认真对待，加强日常对钢丝绳的检查工作，发现超过报废标准的钢丝绳，应当及时予以更换，绝不能存在侥幸心理。例如，2005 年 3 月在某市航天大厦主楼施工，因一侧吊篮钢丝绳破断，造成三死一重伤的安全事故。当天上班前，工人在检查时已经发现一根工作钢丝绳局部破损严重，但考虑到距离工程完工只剩三、四天了，打算完工后再报废，结果发生了较大伤亡事故。

（7）制动器是使提升机制动停止的重要部件，其失效后将造成提升机打滑甚至坠落。为了防止引发事故，应由专业维修人员定期检查调整制动器的制动间隙及制动性能；吊篮操作者在每班首次操作吊篮上升时，应认真试验制动器的制动性能，发现制动器出现打滑迹象，必须及时请专业维修人员进行解决，未排除故障不得使用设备。

（8）手动滑降装置是《高处作业吊篮》（GB 19155）规定必须设置的应急装置。其功能是在断电或发生故障时，能使悬吊平台平稳下降。如其失效，会造成在紧急情况下平台上的操作人员无法及时安全撤离，甚至因其无法有效控制滑降速度，造成平台超速下滑或坠落。因此，需要吊篮操作者在每班首次操作吊篮上升到离地 2m 左右时，做一次手动滑降试验，以检验并确认其有效性，发现问题应及时排除。

（9）《高处作业吊篮》（GB 19155）规定，必须设置上行程限位装置，以防止因电气控制失灵或失效，造成悬吊平台发生冲顶的事故。目前，在施工现场存在着普遍不重视上限位装置的现象，限位开关损坏、缺失严重。在实际使用过程中，曾经发生过多起因上限位装置失效，引发吊篮冲顶的恶性事故，必须引以为戒。

（10）电器元件失效也是吊篮使用过程中的危险源之一。例如，按钮失灵或接触器触点粘连，造成平台运行无法停止；急停按钮失效，造成在紧急情况发生时无法及时切断电源；热继电器失效，造成电动机过热烧毁；漏电保护器失效，造成人员触电事故发生，等等。应该加强对设备的维护保养，及时发现并且排除故障隐患，才能杜绝或减少相关事故的发生。

二、高处作业吊篮的安全操作规程

（一）施工作业准备阶段的安全注意事项

在施工作业准备阶段安全工作的重点是，了解吊篮设备的技术状况，检查关键部位和做好人员安全防护等。

（1）认真查阅交接班记录，了解上一班作业情况、设备状况，有无交办事项及设备遗留问题等。

（2）逐项检查吊篮各部技术状况，如发现问题须及时解决或上报领导处理；确认无问题后，方可上机操作。

（3）检查悬吊平台运行范围内有无障碍物。

（4）将悬吊平台升至离地 1m 处，检查制动器、安全锁和手动滑降装置是否灵敏有效。

（5）检查安全绳与个人劳动安全防护器具（防滑鞋、紧身服、安全帽、安全带、自锁器等）是否符合安全规定，如图 2-5-6。

（二）施工作业阶段的安全操作规程

下列各项吊篮安全操作规程至关重要，违反任何一项都有可能发生安全事故。

（1）进入平台的所有人员，均须系好安全带并将自锁器正确地扣牢在安全绳上，如图 2-5-7。

图 2-5-6　正确的个人劳动安全防护示意图　　　　图 2-5-7　自锁器正确使用示意图

（2）禁止一人单独上平台操作（单吊点吊篮除外）。

（3）操作人员必须从地面进出悬吊平台，如图 2-5-8。在未采取安全保护措施的情况下，禁止从窗口、楼顶等其他位置进出悬吊平台，如图 2-5-9。

图 2-5-8　人员从地面安全进入平台示意图

图 2-5-9　错误地出入平台示意图

（4）作业时必须精神集中，不准做有碍操作安全的事情。

（5）不准将吊篮作为垂直运输设备使用。

（6）严禁超载作业。

（7）尽量使载荷均匀分布在悬吊平台上，避免偏载。

（8）当电源电压偏差超过 5％但未超过 10％，或环境温度超过 40℃，或工作地点超过海拔 1000m 时，应降低载荷使用，载重量不宜超过额定载重量的 80％。

（9）禁止在悬吊平台内用梯子或垫脚物取得较高的工作高度，如图 2-5-10。

（10）在悬吊平台内进行电焊作业时，不得将悬吊平台或钢丝绳当做接地线使用，并

图 2-5-10　危险的操作方法示意图

应采取适当的防电弧飞溅灼伤钢丝绳的措施。

（11）在运行过程中，悬吊平台发生明显倾斜时，应及时进行调平。

（12）严禁在悬吊平台内猛烈晃动或做"荡秋千"等危险动作。

（13）严禁歪拉斜拽悬吊平台。

（14）悬吊平台运行时，必须注意观察运行范围内有无障碍物。

（15）电动机起动频率不得大于 6 次/min，连续不间断工作时间不得大于 30min。

（16）经常检查电动机和提升机是否过热，当其温升超过 65K 时（温升指上升的温度超过环境温度的部分，K 是开氏温度单位，其值与摄氏度相同），应暂停使用提升机。

（17）严禁固定安全锁开启手柄，人为地使安全锁失效。

（18）严禁在安全锁锁闭时，开动提升机下降。

（19）严禁在安全钢丝绳绷紧的情况下，硬性扳动安全锁的开锁手柄。

（20）悬吊平台向上运行时，严禁使用上行程限位开关停车。

（21）严禁在大雾、雷雨或冰雪等恶劣气候条件下进行作业。

（22）在作业中突遇大风或雷电雨雪时，必须立即将悬吊平台降至地面，切断电源，绑牢平台，有效遮盖提升机、安全锁和电控箱后，方准离开。

（23）在运行中发现设备异常（如异响、异味、过热等），应立即停车检查；故障不排除不准开机。

（24）在运行中发生故障时，应请专业维修人员进行排除。安全锁必须由制造厂进行维修。提升机发生卡绳故障时，应立即停机，严禁反复按动升降按钮强行排险。

（25）在运行过程中，不得进行任何保养、调整和检修工作。

（三）施工作业完成后的安全注意事项

施工作业完毕后的安全工作也不可忽视，应当注意做好下列工作。

（1）切断电源，锁好电控箱。

（2）检查各部位安全技术状况。

（3）清扫悬吊平台各部位。

（4）妥善遮盖提升机、安全锁和电控箱。

（5）将悬吊平台停放平稳，必要时进行捆绑固定。

（6）认真填写交接班记录及设备履历书。

（四）违反安全操作规程所引发的吊篮事故案例

安全操作规程是为了保证作业安全。防止发生安全事故所制定的安全操作规范与规章制度，是血的教训总结，是生产与施工实践的结晶，是科学规律的体现。违反安全操作规程要付出代价，甚至要以生命为代价。

1. 违章超载作业引发事故的案例（图 2-5-11）

案例 1：1998 年 9 月在某广场工地，两名工人使用 ZLP350 型吊篮从地面往六层运送花岗岩石板。当载有单重 150kg 的五块石板的吊篮上升到第三层时，因严重超载，致使一侧钢丝绳突然破断，悬吊平台发生倾斜，两名操作工系安全带者受轻伤，未系安全带者落地重伤致残。

图 2-5-11　严重超载引发事故的现场实况

案例 2：2000 年 8 月在某小区施工现场，因悬挂机构前梁与中梁在连接处折断，造成一人死亡、三人重伤的恶性事故。其直接原因是采用 ZLP500 的悬挂机构，混装另一厂家的 ZLP800 的悬吊平台，并且在作业时严重超载，引发横梁失稳→扭转→折断→事故。

2. 违章从高处进出悬吊平台造成坠落事故的案例

案例 1：2001 年 1 月在某市，一名工人由 11 层窗口爬进吊篮平台时，不慎坠地身亡。

案例 2：2005 年 3 月在某工地，工人张某在吊篮内进行外墙打孔作业后，从悬吊平台跨进五楼窗口时，不慎坠落地面，经抢救无效死亡。

案例 3：2007 年 8 月在某大厦，包工头胡某不听从工人再三劝阻，执意爬出悬吊平台直接进入二楼窗口，不慎从 6m 高处坠落地面造成严重骨折。

3. 作业时精神不集中造成事故的案例

1998 年 8 月在某施工现场，两名工人背向作业面，边聊天边操作平台上升，当平台升至第七层时被阳台挂住，但操作人员毫无知觉，继续操作平台上升。在提升机的牵引下，屋顶的悬挂机构被拽了下来，造成两人死亡的恶性事故。

4. 违章在悬吊平台内猛烈晃动造成事故的案例（图 2-5-12）

2000 年 11 月在某居民楼，一台正在进行外墙粉刷作业的吊篮从 10 层楼处坠落，操作人员随悬吊平台一同坠落到一层裙楼顶平台上，悬挂机构翻落到楼前小花园中，造成人

图 2-5-12　猛烈晃动引发事故的现场实况

员一死二重伤。事故原因：违章安装的悬挂机构为事故埋下隐患；操作人员在平台上"荡秋千"，企图粉刷作业盲区，在平台横向扰动力的作用下，处于非稳定状态的前支架首先翻倒，然后带动横梁和后支架移位；在甩掉未进行固定的配重之后，悬挂机构翻出女儿墙坠落，酿成了这起事故。

5. 人为使安全锁失效酿成事故的案例

2005 年 10 月在某工地，因钢丝绳破断，悬吊平台突然倾斜，三人从平台中被甩出坠地身亡，二人悬在平台内被救出。经调查发现，钢丝绳早已超过报废标准，局部严重变形，被提升机挤断；安全锁的摆臂被人用铅丝捆住，在平台倾斜时安全锁丧失了安全保护功能。

6. 违章带故障开机引发事故的案例

案例 1：2005 年 8 月在某高层施工工地，施工员廖某违章指挥张某操作吊篮上五层擦洗马赛克墙面。在提升机钢丝绳被卡住后，张某强行打开提升机，使吊篮降到地面。在故障未排除的情况下，廖某又违章指挥刘某等四人再次开动吊篮运送钢管。当吊篮上升到受损钢丝绳处时，在提升机挤压之下钢丝绳突然破断，悬吊平台上的两人随即坠落地面，一死一重伤。

案例 2：2010 年 7 月在某市美术学院高层家属楼工地，正在做外墙保温施工的吊篮一侧钢丝绳突然破断，导致平台上的三名作业工人坠落地面摔成重伤。在事故发生前两天，工人就发现吊篮西侧的钢丝绳有"咯吱咯吱"的异常响声，跟工地负责人反映两次后都未进行检修，结果西侧钢丝绳破断，最终酿成事故，如图 2-5-13。

图 2-5-13　某市美术学院事故现场实况

7. 违章歪拉斜拽致使平台坠落事故的案例

案例 1：2002 年 10 月在某大厦安装幕墙玻璃时，由于悬吊平台距离安装位置横向相差 3m 左右，操作工便违章斜拉平台强行进行安装，结果导致平台坠落，三人坠地死亡。

案例 2：2008 年 10 月在某大厦，工人在使用吊船（系为擦窗机配套的悬吊平台）作业更换外立面巨型标识时，违章采用手拉葫芦对吊船进行歪拉斜拽，造成吊船坠落。三名工人当场全部死亡，事故现场惨不忍睹（图 2-5-14）。

8. 发生卡绳故障时违章反复按动升降按钮造成坠落事故的案例

2011 年 8 月在某市一工地，两名工人操作吊篮上升到 10 楼时，左侧提升机卡住钢丝

图 2-5-14　歪拉斜拽引发事故的现场实况

绳。操作工反复按动升降按钮，造成钢丝绳破断，又因安全锁摆臂被人用焊条固定失去作用，平台向左侧倾斜，两人由平台坠落，造成一死一重伤。

9. 误操作引发吊篮坠落事故的案例

案例 1：2003 年 7 月在某市，黄某和廖某操作吊篮施工。当平台升至 8 层楼时停不住车了，两人惊慌失措，未按照操作要领按下急停按钮或关掉总电源开关，结果失控的平台冲向顶部，拉断钢丝绳造成坠落。两人从 30 多米的高处坠到楼底，当场死亡。

案例 2：2011 年 9 月在某工地，几名工人站在 23 层外侧的吊篮上为楼房外墙涂抹水泥砂浆。在作业过程中，一名工人递过来一只装满水泥砂浆的塑料桶，女工谭某一时没有接住。在塑料桶落向地面时，谭某想一把抓住，不料身体失去重心翻出吊篮，飞坠地面死亡。

10. 违规不系安全带或不按规定把安全带扣牢在安全绳上酿成事故的案例

多年来的数百起吊篮事故案例验证，在悬吊平台发生倾斜时，凡是系安全带的都能保住性命；当悬吊平台发生坠落时，凡是设置安全绳并扣牢安全带的人都能幸免于难。但在施工现场，上吊篮操作不系安全带或不把安全带扣牢在安全绳上的违章现象司空见惯，随处可见。

案例 1：2000 年 3 月 24 日在某市航天大厦，吊篮一侧钢丝绳突然破断，致使平台大角度倾斜，四名操作工均未系安全带，发生坠落后三死一重伤。

图 2-5-15　周某坠落事故现场实况

案例 2：2003 年 1 月在某开发区施工现场，两名操作工在平台倾翻时，一人掉至地面死亡，另一人因系安全带保住性命。

案例 3：2007 年 1 月在某市一在建工地上，正在作业的吊篮从 20m 高处突然坠地。六名工人除两人靠安全绳挂在空中，事后翻阳台进入大楼之外，另外四名工人随吊篮一同坠地，二死二重伤。

案例 4：2007 年 12 月在某建筑工地上，悬吊在五楼外墙上吊篮一侧的钢丝绳突然破断，站在吊篮内干活的工人周某未系安全带，随即从吊篮内坠落至地面死亡，如图 2-5-15。

三、高处作业吊篮施工作业现场的安全风险防控与应急处置

吊篮施工存在着较大的安全风险。因此，在风险发生之前要对其危险源进行准确辨识，对可能发生的危险性做好预判评估，并采取相应的应对措施进行有效的安全风险防控，最大限度地防止险情发生，防患于未然。另外，还要做好险情一旦发生的应急处置准备工作，预先策划好最为有效的安全应急处置措施，在险情发生时迅速有效地阻止其扩大，并且将其危害降到最低程度，做到有备无患。

（一）施工作业现场的安全风险防控

施工作业现场的安全风险防控，主要包括安装与拆卸、施工作业人员和施工作业现场管理等三方面的安全风险防控。

1. 安装与拆卸的安全风险防控

主要是：（1）在安拆作业前，必须按照规定程序编制专项安装与拆卸施工方案，且履行相应审批手续。（2）对于非标吊篮和特殊建筑结构使用的吊篮，必须提供计算书并且通过专家审查论证后，方可按专项施工方案进行安装与拆卸。（3）安拆人员必须取得建筑特种作业吊篮安装拆卸资格证书，持证上岗操作。（4）在安拆作业前，必须按规定程序对安拆人员进行安全技术交底，并签字确认，存档备查。（5）安拆人员必须按规定佩戴安全带、安全帽、穿防滑鞋和紧身工作服。（6）必须严格按照专项施工方案进行安装拆卸作业。（7）在安装或拆卸前，设警戒线或派专人警戒，禁止无关人员进入安拆现场。（8）施工现场应保持整洁，远离楼层边沿堆放物料，物料堆放应稳定。（9）临边作业时，必须设置防坠落安全绳，并且扣牢安全带。（10）作业人员配置专用工具袋，手持工具和零星物件须放在工具带内。（11）严禁从高处向下抛扔工具、物料或杂物。

2. 施工作业人员的安全风险防控

主要是：（1）每班作业前按照规定逐项严格检查吊篮各部分的安全状况，确认安全后再上平台作业。（2）按规定佩戴安全带、安全帽，穿防滑鞋和紧身工作服，方可进行操作。（3）在起升悬吊平台前，必须将安全带正确扣牢在安全绳上。（4）严格遵守每一项吊篮安全操作规程。（5）遇到意外或突发情况，应立即断开电源，施工作业人员采取安全措施撤离平台，由专业维修人员排除故障或险情。（6）设备故障不排除，不得冒险进行操作。（7）对于违章指挥或强令冒险作业，施工作业人员有权拒绝和投诉。（8）施工作业人员在患病或过度疲劳时，应该充分休养，待身体完全恢复正常后，再进行作业。

3. 施工作业现场管理的安全风险防控

主要是：（1）不得使用不合格的吊篮产品或非正规厂家生产的吊篮。（2）吊篮安装后在使用前，必须经过严格检查与验收，并且妥善保存检查验收的原始记录。（3）对首次上吊篮操作的人员必须进行严格的安全技术培训；在作业前必须对作业人员进行安全技术交底，并签字确认，存档备查。（4）严格巡查作业人员遵守安全操作规程的情况，对于违章操作必须及时严厉制止，并且实施严格的奖惩制度，杜绝施工现场的违章操作。（5）针对施工现场环境方面存在的危险源，必须及时采取有效措施予以解决或消除其危险性；危险源不消除，不得进行施工。（6）对吊篮设备必须严格执行定期维修保养制度；安全锁必须进行定期标定；对达到报废标准的部件必须及时予以报废，不得存在侥幸心理。

（二）施工作业现场紧急情况下的应急处置

根据多年来的实践，在吊篮施工现场发生频次较高的紧急情况及其应急处置主要

如下。

1. 作业中突然断电时的应急处置

主要是：（1）关闭电控箱的电源总开关，切断电源，防止突然来电发生意外。（2）与地面或屋顶有关人员联络，判明断电原因，决定是否返回地面。（3）若短时间停电，待接到来电通知后，合上电源总开关，经检查正常后再继续工作。（4）若长时间停电或因本设备故障断电，应及时采取手动方式使悬吊平台平稳滑降至地面。

应当注意，千万不能图省事，贸然跨过悬吊平台护栏钻入附近窗口离开悬吊平台，以防不慎坠落造成人身伤害。当确认手动滑降装置失效时，应与相关人员联络，在采取安全措施后方可就近撤离。

2. 松开操作按钮停不住车时的应急处置

主要是：（1）应立即按下电控箱或手持按钮盒上的红色急停按钮，或者立即关闭电源总开关切断电源，使悬吊平台紧急停止。（2）采用手动滑降使悬吊平台平稳下降至地面。（3）由专业维修人员在地面排除故障后，再进行作业。

3. 悬吊平台倾斜角度过大时的应急处置

主要是：（1）当发现悬吊平台倾斜角度过大时，应及时停车。（2）将电控箱上的转换开关旋至平台低端提升机运行挡，然后按上升按钮直至平台接近水平状态为止。（3）再将转换开关旋回两端同时运行挡，照常进行作业。

应当注意，如果悬吊平台需频繁进行上述调整时，应及时检查并调整两端提升电动机的电磁制动器间隙，使之符合"产品使用说明书"的要求，然后再检测两端提升机的同步性能。若差异仍过大，应更换电动机，选择一对同步性能较好的电动机配对使用。

4. 运行中钢丝绳卡在提升机内的应急处置

主要是：（1）应立即停机，严禁用反复升降来强行排除险情。（2）机内人员应保持冷静，在确保安全的前提下撤离悬吊平台。（3）由经过专业培训的维修人员进入悬吊平台排除故障。

5. 悬吊平台一侧提升机失效或工作钢丝绳破断、安全锁锁住安全钢丝绳时的应急处置

主要是：（1）作业人员动作要轻、要平稳，避免安全锁受到扰动而突然失去锁绳功效，进一步扩大险情。（2）作业人员在确保安全的前提下撤离悬吊平台。（3）由经过专业培训的维修人员进入悬吊平台排除故障。

6. 悬吊平台一端悬挂失效、平台直立时的应急处置

主要是：（1）作业人员保持镇静，切莫惊慌失措。（2）有安全带住的人员，应攀到悬吊平台便于蹬踏之处。（3）无安全带吊挂的人员，要紧紧抓牢悬吊平台上一切可抓的部位，然后攀至更有利的位置。（4）动作不可过猛，尽量保存体力等待救援。

四、高处作业吊篮施工作业班前的安全教育培训

班前安全教育培训，对于消除事故隐患和杜绝事故发生，往往可以起到事半功倍的作用。

（一）班前安全教育培训的主要对象及方式

1. 班前安全教育培训的对象

主要是：（1）所有准备上吊篮平台进行施工作业的人员。（2）当班的吊篮设备维护修理人员。

2. 班前安全教育培训的方式

主要是：（1）以召开班前会议的形式进行安全教育培训。（2）由吊篮使用单位的技术负责人或专职安全员进行培训。（3）新安装的吊篮在首次操作前，请吊篮产权单位的技术人员或设备管理人员进行培训。

（二）班前安全教育培训的主要内容

1. 安全防护用品的配备及使用要求

主要是：（1）进入施工现场的所有人员必须戴好安全帽。（2）进入悬吊平台的所有操作人员必须穿好紧身工作服和防滑鞋，系好安全带。（3）在悬吊平台起升前，平台内的所有操作人员必须将安全带的自锁器正确扣牢在安全绳上。

2. 施工作业前的危险源辨识

主要是：（1）应确认吊篮与周围的其他设备及高压电具有安全距离。（2）应确认所使用的吊篮是经过班前检查且具有班前检查合格记录的。（3）在人员在进入悬吊平台之前，应确认平台上方无垂直交叉施工作业的情况。（4）在起升悬吊平台前，应确认在平台上升通道内无任何障碍物。

3. 施工作业前的吊篮设备检查要点

主要是：（1）悬挂机构的安装位置未被移动，配置齐全，固定良好。（2）悬吊平台无异常变形，连接处正常。（3）提升机起动、制动、手动滑降正常。（4）摆臂式安全锁锁绳角度符合"产品使用说明书"规定，离心式安全锁灵敏有效。（5）钢丝绳不超标，表面无缠绕或粘结物，绳端固定正常，绳坠铁悬挂符合规定。（6）电气按钮、开关及行程限位装置灵敏有效。（7）安全绳悬挂、绳端固定、转角保护及绳表面正常。

4. 高处作业及吊篮使用的安全操作要求

按本节"二、高处作业吊篮的安全操作规程"的内容进行培训。

5. 进行特殊作业时的安全操作须知

（1）电焊作业

进入悬吊平台的所有人员均应穿绝缘鞋，戴绝缘手套；不得将悬吊平台或钢丝绳当做接地线使用；电焊机不得放置在悬吊平台内；在悬吊平台内不得放置易燃、易爆物品和杂物；在电焊作业周边和下方应采取防止火花引燃可燃物的有效遮挡措施；在电弧火花飞溅区域，应采取防止钢丝绳被灼伤的有效遮挡措施。

（2）幕墙安装作业

不得将吊篮作为垂直运送幕墙材料的起重设备使用，宜另行设置垂直运送幕墙材料的专用起重设备；在安装幕墙饰面前，应安排或明确指挥人员；在安装幕墙饰面时，悬吊平台与建筑结构内的安装人员均应听从统一指挥；在发现危险时，任何人都有权发出紧急信号，其他作业人员应当及时防范；手持工具应采用短绳系牢或放在工具袋中，避免坠落伤人。

（3）外墙涂装作业

在作业前，操作人员应按劳动安全保护规定佩戴劳保用品；在悬吊平台内不得放置易燃、易爆物品和杂物，作业区域严禁吸烟；在作业中，不得采用垫脚物或直接蹬踏平台护栏以增高作业高度，不得采用"荡秋千"或歪拉斜拽的方式涂刷作业盲区；在作业时，应避免涂料沾染钢丝绳或进入提升机和安全锁的进绳口，必要时应进行有效遮挡；作业后，应及时清除吊篮各部积存或沾染的涂料。

（4）大型构件安装作业

作业前须制定专项安装作业方案，并且通过专家论证；在安装作业区域下方及地面设置警戒区；作业现场应指定专人进行统一指挥，采用适当的起重机械进行吊装；吊篮仅作为安装人员接近作业位置的平台，不得受到任何其他的干扰力；发现危险时，任何人都有权发出紧急信号，其他作业人员应当及时防范。

6. 紧急情况时的应急处置措施

按本节"三、（二）施工作业现场紧急情况下的应急处置"的内容进行培训。

第六节　高处作业吊篮的施工现场日常检查和维修保养

一、高处作业吊篮日常检查的内容和方法

吊篮的日常检查工作，尤其在每班首次使用前的检查工作十分重要。通过班前检查可以查出吊篮设备各部件是否处于良好状态，是否存在安全隐患，以便及时排除潜在危险，确保设备使用安全。

（一）提升机的日常检查

主要是：（1）检查提升机运转是否正常，有无异响、异味或过热现象。（2）检查制动器有无打滑现象，摩擦片间隙是否符合说明书要求。（3）检查手动滑降装置是否灵敏有效。（4）检查润滑油有无渗、漏，油量是否充足。（5）检查提升机与安装架连接部位有无裂纹、变形或松动。

（二）安全锁的日常检查

主要是：（1）检查安全锁动作是否灵敏可靠。（2）检查摆臂防倾式安全锁的锁绳角度是否在规定范围内。（3）检查离心式安全锁快速抽绳能否触发锁绳。（4）检查安全锁与安装架连接部位有无裂纹、变形、松动。

（三）悬挂机构的日常检查

主要是：（1）检查前后支架安装位置是否被移动。（2）检查配重是否缺损，码放是否牢靠、固定。（3）检查紧固件和插接件是否齐全、牢靠。（4）检查结构件变形、裂纹及局部损伤是否超标。（5）检查加强钢丝绳有无损伤或松懈。

（四）悬吊平台的日常检查

主要是：（1）检查结构件有无严重弯扭或局部变形，焊缝有无裂纹。（2）检查紧固件和插接件是否齐全、牢靠。（3）检查平台底板、护板和栏杆是否牢靠。

（五）钢丝绳的日常检查

主要是：（1）检查有无断丝、毛刺、扭伤、死弯、松散、起股等超标缺陷。（2）检查局部是否附着混凝土、涂料或粘结物。（3）检查绳夹是否松动，钢丝绳有无局部损伤。（4）检查上限位止挡和下端坠铁是否移位或松动。

（六）电气系统的日常检查

主要是：（1）检查各插头与插座是否松动。（2）检测保护接地和接零是否牢固。（3）检查电源电缆的固定是否可靠，有无损伤。（4）检查漏电保护开关是否灵敏有效。

（5）检查各开关、限位器和操作按钮动作是否正常。

二、高处作业吊篮的日常维修保养

日常维护保养对于保障吊篮设备经常处于良好技术状态，安全、高效作业，具有决定性作用。性能质量再好的设备，经长期使用也不可能保证不出任何故障，只有通过全面周到、科学严格地维修保养，才能及时发现和排除故障隐患，有效减少事故发生，保障设备使用安全。

（一）提升机和安全锁的日常维修保养

主要是：（1）及时清除表面污物，避免进、出绳口混入杂物损伤机内零件。（2）按"吊篮产品使用说明书"规定的类型、牌号的润滑剂，对规定的部位进行有效润滑。（3）作业后进行妥善遮盖，避免雨水、杂物等侵入机体。（4）在使用中避免发生碰撞损伤机壳。

（二）悬挂机构和悬吊平台的日常维修保养

主要是：（1）作业后及时清理表面污物，并注意保护表面漆层。（2）发现漆层被破坏，应及时补漆，避免锈蚀。（3）在拆装和运输应轻拿轻放，切忌野蛮操作。

（三）钢丝绳的日常维修保养

主要是：（1）及时清除表面粘附的涂料、水泥、胶粘剂和堵缝剂等污物。（2）拆下的钢丝绳应捆扎成卷，运输和存放时不得将重物堆放其上，长期存放要注意避雨防潮。（3）安装完毕后，将在地面上的富余钢丝绳捆扎成盘，平放在地面上。

（四）电气系统的日常维修保养

主要是：（1）电控箱内要保持清洁无杂物。（2）作业中避免电控箱、限位开关和电缆线受外力冲击。（3）遇有电气故障应及时排除。（4）作业完毕应及时拉闸断电，锁好电控箱门，并妥善遮盖电控箱。

第三章　爬升模板和滑升模板

第一节　概　　述

一、爬升模板和滑升模板的发展概况

（一）爬升模板

爬升模板简称爬模，由模板、爬架和爬升设备三部分组成，是在剪力墙体系、筒体体系和桥墩等高耸结构施工中的一种有效施工工具。它具有依靠自身配置的动力设备实现升降的功能，减少了施工中起重机械的吊运工作量，实现了在模板上悬挂脚手架的技术创新，在施工中不再需要单独搭设外脚手架，为施工企业减少了施工起重机械数量、加快施工速度，带来了良好的经济效益。自 20 世纪 70 年代初，德国 PERI 公司发明了第一代需要吊车辅助提升的爬模系统（KGF）后，爬模逐步被推广应用，经生产厂家不断地完善和创新，研制出以液压油缸作为动力的自动爬模系统。20 世纪 80 年代后期，我国开始在高层建筑中使用爬模技术，主要代表为上海建工集团的穿心千斤顶液压爬模（经滑模系统演变而成，采用钢模）。到了 21 世纪，以 DOKA 为首的国际模板集团公司先后进入中国市场后，国内多家企业先后跟进占领市场，爬模产品的研发、设计、生产都有了快速发展。爬模在施工中被广泛运用。

（二）滑升模板

20 世纪 20 年代，美国曾使用手动螺旋式千斤顶滑升模板的方法修建筒仓。到了 20 世纪 40 年代中期，瑞典出现了颚式夹具穿心式液压千斤顶和高压油泵，用脉冲程序控制滑升，使这项施工技术得到了改进和发展。其后，很多国家和地区采用该技术建造了不少高耸建筑。例如，加拿大多伦多城的 550m 高的电视塔、香港 218m 高（65 层）的合和大厦等都是采用这种方法建造的。中国最初在修建筒仓时也使用螺旋式千斤顶滑升模板，20 世纪 60 年代开始采用穿心式液压千斤顶和自动控制装置的滑升模板建造高耸建筑。

二、爬升模板的常见种类及基本构造原理

（一）常见种类

爬升模板一般按爬升动力装置的不同分为两种：一类是液压爬升模板，另一类是电动爬升模板。液压爬升模板以液压油缸为提升动力。

（二）基本构造及原理

爬升模板由模板、爬升装置(包括附墙支座、爬升动力装置和控制系统)、架体(包括上操作平台、操作平台和下操作平台)所组成，如图 3-1-1、

图 3-1-1　爬升模板基本构成

图 3-1-2、图 3-1-3。

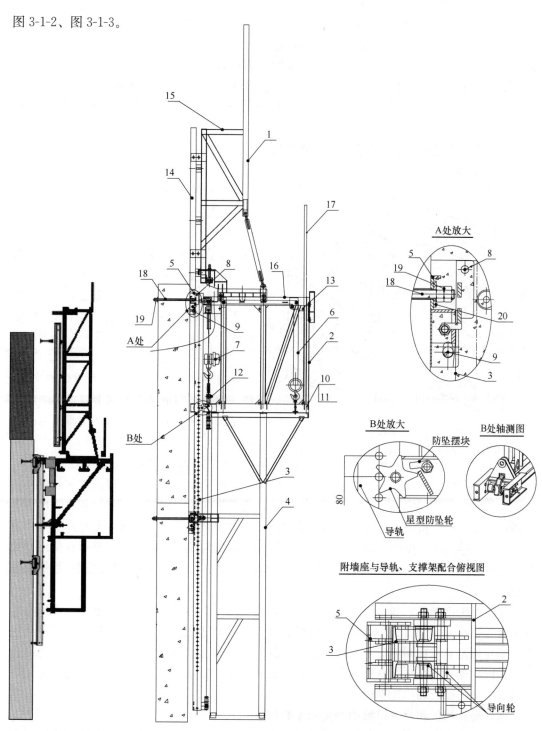

图 3-1-2 液压式爬升
模板基本构造

图 3-1-3 电动式爬升模板构造图

1—支模架；2—上支撑架；3—导轨；4—下支撑架；5—附墙座；6—牵引系统；7—提升
系统；8—导轨销；9—架体销；10—连接螺栓；11—垫圈；12—吊装螺栓；13—水平桁
架；14—大钢模板；15—上平台；16—下平台；17—护栏；18—M36螺栓；19—双螺母；
20—垫板

爬升模板的工作原理是以爬架与导轨互为支撑，相互爬升，模板随爬架一同爬升就位，并依靠爬架进行退合模等操作。爬升分两个阶段进行：第一阶段为导轨爬升，依靠附在爬架上的动力装置（液压或电动装置）进行提升，到位后将导轨与上部安装的附着支座固定；第二阶段即爬架爬升阶段，仍然通过同一套动力装置进行，模板与架体在动力装置牵引下沿导轨进行爬升。这就有效地完成了整个爬升模板体系的爬升、定位等作业。

三、滑升模板的常见种类及基本构造原理

（一）常见种类

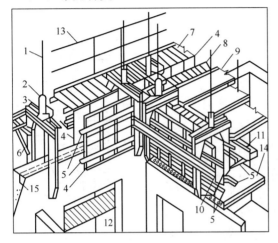

图 3-1-4　滑模装置示意图

1—支撑杆；2—液压千斤顶；3—提升架；4—模板；5—围圈；6—外挑脚手架；7—外挑操作平台；8—固定操作平台；9—活动操作平台；10—内围圈；11—外围圈；12—吊脚手架；13—栏杆；14—楼板；15—混凝土墙体

常见的滑模施工主要分两类：一类是普通滑模施工，一类是滑框倒模施工。普通滑模施工是以滑模千斤顶、电动提升机或手动提升器为提升动力，带动模板沿着刚浇筑完成的混凝土表面滑动而使结构成型的施工方法。滑框倒模施工是普通滑模工艺的发展，用提升机具带动由提升架、围圈、滑轨组成的滑框沿着模板外表面滑动（模板与混凝土之间无相对滑动），当横向分块组合的模板从滑框下口脱出后，将该块模板取下装入滑框上口，再浇筑混凝土，提升滑框，如此循环作业使混凝土结构成型。

（二）基本构造及原理（图 3-1-4）

滑升模板的工作原理是以预先竖立在建筑物内的圆钢杆为支承，利用千斤顶沿着圆钢杆爬升的力量将安装在提升架上的竖向设置的模板逐渐向上滑升，其动作犹如体育锻炼中的爬竿运动。由于这种模板是相对设置的，模板与模板之间形成墙槽或柱槽。当灌筑混凝土时，两侧模板就借助于千斤顶的动力向上滑升，使混凝土在凝结过程中徐徐脱去模板。

模板可用钢制或木制。为了减少滑升时模板与混凝土之间的摩阻力，通常应做成顶边宽度比底边小 6～10mm 的梯形板。模板的外侧须用围圈框紧，围圈和千斤顶提升架相连，千斤顶则支承在圆钢杆上。提升架和提升架之间须设操作平台，模板两侧须设悬吊脚手架，以利操作及行走。高压油泵和自动控制装置放在操作平台上，当千斤顶爬升时便可通过提升架把模板和操作平台一起提升。

四、爬升模板和滑升模板的相关标准介绍

我国在 20 世纪七八十年代就有了滑模的技术标准。最早的技术标准是《液压滑升模板工程设计与施工规程》（JGJ 9—78），1993 年 8 月 1 日正式实施，2008 年 10 月 1 日废止。1987 年发布了《液压滑动模板施工技术规范》（GBJ 113—87），于 1988 年 8 月 1 日起实施，2005 年 8 月 1 日被《滑动模板工程技术规范》（GB 50113—2005）替代。

爬模方面的规范编制较晚。2010 年 2 月 10 日颁布了《液压爬升模板工程技术规程》（JGJ 195—2010），于同年 10 月 1 日起实施。

第二节 爬升模板和滑升模板的进场查验

一、爬升模板和滑升模板进场查验的基本方法

进场查验的基本方法，主要是对产品进行考察及组织现场查验。

（一）对供应方（租赁方）的产品考察

对供应方（租赁方）的产品作考察，是产品进场前的管控措施之一，有利于从源头把控产品的质量及供应时间、数量的要求，确保项目施工质量、进度及安全技术需求。可由项目管理部的采购、技术、质检、安全等部门人员共同前往供应方生产基地作实地考察，考察时应重点了解如下几个方面的内容：

1. 了解供应方的产品是否符合法定要求

《建设工程安全生产管理条例》第 16 条规定：出租的机械设备和施工机具及配件，应当具有生产（制造）许可证、产品合格证。

2. 考察供应方实力是否满足需求

重点应考察：（1）供应方的产品库存数量。供应方的产品库存数量和生产能力是直接关系到能否按期、按质、按量供给的关键因素，现场考察时应逐一了解清楚。（2）供应方的主要设备。供应方的生产设备数量是产品所需数量的保障；供应方生产设备的精度是产品质量的保障；供应方产品的检验检测设备是产品出厂合格率的重要影响因素。（3）供应方技术、管理能力，包括所编制的施工技术方案的完整性、可操作性及优越性。（4）供应方后期服务能力，包括施工过程中驻现场人员的数量和技术管理能力、服务方式和服务理念能否满足客户需求。

（二）进场查验的组织

产品进场查验是指用一定的检测手段（包括检查、测试、试验），按照规定的程序对样品进行检测，并比照一定的标准要求判定样品的质量等级。对爬模和滑升模板材料的检验，主要是生产单位（出租）提供的专用设备构件（模板系统、操作平台系统、提升机具系统）、紧固件、脚手板等通用构配件。

施工现场设备的进场查验由总包单位组织，监理单位、设备供应单位共同参与。

（三）进场查验的相关工具及评判方法

施工现场进行产品质量查验的方法有目测法、实测法和试验法三种。

1. 目测法

评判方法可归结为看、摸、敲、照四个字。看，就是外观目测，要对照有关质量标准进行观察；摸，就是手感检查；敲，就是运用工具进行音感检查；照，就是对于人眼高度以上部位的产品上面、缝隙较小伸不进头的产品背面，均可采用镜子反射的方法检查，对封闭后光线较暗的部位，可用灯光照射检查。

查验工具主要是小锤、手电等。

2. 实测法

实测法就是通过实测数据与设计方案、规范要求及质量标准所规定的允许偏差进行对

照，判断质量是否合格。

评判方法可归结为靠、量、吊、套四个字。靠，是测量平整度的手段；量，是用工具检查；吊，是用线坠吊垂直度；套，是以方尺套方，辅之以塞尺检查。

检查工具主要是卷尺、靠尺、塞尺、线坠等。

3. 试验法

试验法是指必须通过试验手段，才能对产品质量进行评判的检查方法。比如，焊缝内在质量、构件的抗拉强度等，需要专用设备进行试验才能评判。

查验工具主要是无损探伤（X射线、超声波等）设备、拉力试验设备等。

二、爬升模板、滑升模板进场查验的主要内容

进厂检验的主要内容包括资料查验、外观检验及安全装置检验等。

（一）相关资料的进场查验

材料进场，施工单位的材料验收人员应对进场产品相关质量证明资料进行查验。

1. 产品合格证明查验

主要是：（1）查验进场设备与所附产品合格证明文件是否一致。（2）查验合格证明文件资料是否齐全。

2. 产品检测资料的查验

重点是查验须进行检测的设备是否具有检测资料，如是否附有钢材的理化试验报告（当使用型钢、钢板和圆钢制作时，其材质是否符合现行国家标准《碳素结构钢》（GB/T 700）中 Q235-A 级钢的规定）；查验检测报告与进场的设备构件是否匹配，查验出具检测报告的机构是否具有合法资格，查验检测报告是否超过有效期。

（二）外观、连接节点、尺寸允许偏差的进场查验

现场材料验收人员，应依据相关法律、法规的规定和施工方案、滑模装置的组装图等，对进场产品通过目测的方式，对外形、连接点等表观质量进行初步评判；通过尺量等实测法，收集相关数据并与其对应的允许偏差值对照，对进场产品质量进行进一步评判。对通过目测和实测无法做出最终质量评判的产品，应同时查验产品合格证等质量证明资料并与实物进行核实；当对质量证明资料产生疑虑时，可对进场设备材料作现场抽样，送至具有相应检测资质的机构进行检测，做出最终质量评判。

（三）安全装置的进场查验

安全装置是防止或减小安全事故的重要装置，作进场查验将对后期安全运行起着至关重要的作用。除按上述进行质量检查外，还须注意如下几点：

（1）查验安全装置数量是否满足设计方案。

（2）查验安全装置该转动部件是否灵活能转，不该加油的部位是否有油污（如刹车片表面不能有油污）等。

（3）查验安全装置与相关架体构件的匹配性及匹配度。

第三节 爬升模板和滑升模板施工现场的安装与拆卸

爬模（滑升模板）的设备构件基本由工厂加工，运至施工现场装配成半成品或成品后，再利用其他起重机械吊运安装固定到结构上。由于设备构件品种繁多，对装配顺序及

质量要求较高，为确保安全顺利地完成安装任务，需做好如下几个方面的工作：

一、爬升模板的安装基本程序

（一）安装前的准备工作

（1）对预埋穿墙螺栓孔或锥形承载接头、承载螺栓中心标高和模板底标高应进行抄平，当模板在楼板或基础底板上安装时，对高低不平的部位应作找平处理。

（2）放墙轴线、墙边线、门窗洞口线、模板边线、架体或提升架中心线、提升架外边线。

（3）对爬模安装标高的下层结构外形尺寸、预留承载螺栓孔、锥形承载接头进行检查，对超出允许偏差的结构进行剔凿修正。

（4）绑扎完成模板高度范围内的钢筋。

（5）安装门窗洞模板、预留洞模板、预埋件、预埋管线。

（6）模板板面需刷隔离剂，机加工件需加润滑油。

（7）在有楼板的部位安装模板时，应提前在下二层楼板上预留洞口，为架体安装留出位置。

（8）在有门洞的位置安装架体时，应提前做好导轨上升时的门洞支承架。

（9）检查安装场地及施工作业条件。如果采用地面部分组配后再在工作面进行吊装方案时，地面组配场地应符合如下要求：1）地面空间满足组配及堆放需要；2）地面平整且经过硬化或铺设碎石（不宜直接在土面上作业）；3）地面组配场地应在塔吊有效覆盖范围内；4）出现塔吊无法覆盖且无其他合适场地时，应满足其他吊装设备（如汽车吊）能顺利进入和安全作业；5）安装作业面搭设有操作平台，满铺并固定好脚手板，外侧设置防护栏杆和挂设防护网。

（10）检查安装工具设备及劳保用品。重点是：检查组装时所需要的与之匹配的相应型号及数量的扳手等操作工具；检查卷尺、线坠、靠尺等进行安装质量检查工具；检查安全帽、安全带等劳动保护用品质量是否符合要求，数量是否按人数配置。

（11）清点核对待装构件。重点是根据图纸及方案，清点核实预制加工的构配件型号、数量是否与构件一览表一致且符合施工需要。清点核对进行组配连接所需的螺栓、螺母等标准件，型号匹配、数量是否与构件一览表一致且满足施工需要。清点核对吊装时所需要的连接架体和结构的导轨、支座等附着装置。

（二）安装作业基本程序

1. 总体安装作业要求

爬升模板的安装结果是架体能否正常提升、安全使用的关键，在安装前须做好充分的准备。安装中要有专门机构及人员负责全过程的技术指导和安全管理，在安装完成后进行验收，合格后方允许提升使用。

为确保实现总体安全作业要求，需落实好如下工作：（1）方案通过审核并严格按方案施工；（2）所有构配件质量符合要求；（3）安装作业的安全防护设备、设施齐全可靠；（4）安装进度满足施工防护及架体安全；（5）安装过程中有专业人员指导；（6）项目上设有安全管理机构并配置专职安全管理人员全程监管，及时制止、纠正等"三违行为"（即违章指挥、违章操作、违反劳动纪律）；（7）作业人员的安全防护用品配置及穿戴符合安全要求。

2. 附着支座安装

爬升模板的附着支座起固定导轨和架体支撑架的作用，通过螺栓固定于浇筑完的结构墙体上，螺栓可采用预埋爬锥或穿墙螺栓。

其安装要求如下：（1）附着装置安装前，应检查预埋孔或预埋件位置是否准确，其中心误差应小于该支座允许最大偏差值；（2）检查预留穿墙螺栓孔和预埋件应垂直于建筑结构外表面；（3）检查拟安装附着装置的部位结构表面是否平整；（4）附墙支座支承在建筑物上连接处的混凝土强度应按设计要求确定，并符合《滑升模板技术规范》（GB 50113—2005）第 3.1.7 条规定：普通混凝土不低于 C20、轻骨料混凝土不低于 C15；（5）附着装置安装合格后，立即安装承力扣件或调紧承力支撑杆等，将架体荷载有效的传递各结构。

3. 支撑架安装

安装要求是：（1）支撑架需要先在地面进行预拼装，拼装场地要平整无杂物；（2）将拼装好的支撑架用起重机械吊入预定位置就位，安装的支撑架须垂直于结构面，弧形墙体或有特殊要求的结构依方案确定。

安装过程如图 3-3-1。

图 3-3-1　电动爬模安装实例 1

4. 导轨安装

导轨可采用一体安装或单独安装，条件具备时应尽可能采用一体式安装。

一体式安装，是指将导轨和支撑架在地面预拼成一体后再一同起吊安装。一般在下列情况下采用：（1）施工已完的结构具备安装条件，一般是已完施工结构超过两个楼层高度，具备导轨安装就位的高度空间；（2）地面拼装场地充足，具备在地面一体拼装的条件。

导轨单独安装时，一般在支撑架体及模板安装完成并施工了一层后进行，待模板脱模后进行模板退模操作，为导轨留出安装空间，模板退模距离不小于 600mm。退模后，将附着支座安装就位即可进行导轨的安装。

5. 模板安装

爬模的模板一般有钢制大模板、木模板两种形式，其中以钢制大模板较为普遍。模板安装于一种滑动支撑体系上，该体系安装于承力支撑架上，如图 3-3-2。

图 3-3-2　电动爬模安装实例 2

模板的安装要求：（1）模板之间的拼缝应平整严密，板面应清理干净，隔离剂涂刷均匀。（2）模板安装后应逐间测量检查对角线并进行校正，确保直角准确。（3）阴角模宜后插入安装，阴角模的两个直角边应同相邻平面模板搭接紧密。

6. 作业架体安装

作业架体的类型一般有两种：一种为普通钢管扣件架，一种为全钢防护架。普通钢管架搭设按双排防护架进行搭设，全钢防护架按厂家设计要求进行搭设安装。

每个工程中所使用的作业架体根据使用部位和功能不同，分为上操作架、操作架、下操作架三个部分。上操作架的功能为绑扎钢筋用；操作架的功能为安装校正、加固模板用；下操作架为控制爬架提升，进行附着支座安装，完工的墙面清理、剔凿等其他作业用。

7. 升降装置及控制系统安装

升降装置包括两类，一类为液压动力装置，一类为电动葫芦动力装置。液压动力装置安装如图 3-3-3。电动葫芦动力装置安装如图 3-3-4。

采用导轨一体式安装的，电动葫芦可一起安装，在地面拼装时就将电动葫芦上、下钩与架体、导轨各连接处连接好。

（三）安装后的自检与调试

组装过程中，各班组应认真进行自检、复检，安装完成后由施工总包方组织施工方、厂家、监理单位联合验收合格之后才能使用。自检一般按下表内容进行：

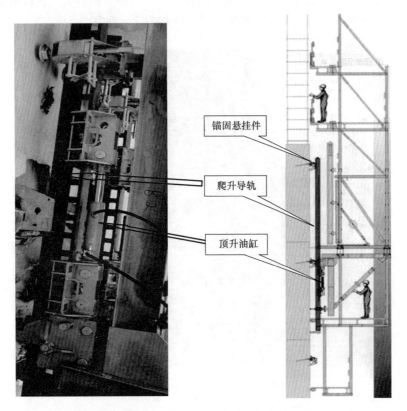

锚固悬挂件

爬升导轨

顶升油缸

图 3-3-3　液压爬升模板动力设备安装实例

提升动力设备

图 3-3-4　电动爬升模板动力设备安装实例

爬升模板首次安装完毕检查验收表 表 3-3-1

序号	检查项目	验收内容	技术要求	检查方法与工具
1	附墙支座	附墙支座的安装位置	水平偏差±25mm	钢卷尺
		穿墙螺栓与附墙支座的安装情况	双螺母，螺杆应露出螺母3扣以上，并用力拧紧	目测和扭力扳手检测
		附墙支座与导轨和支撑架的安装情况	导轨与支撑架均与支座固定牢固，采用销子固定的，端部装有防脱销	目测
2	支模架滑轨总成	滑轨总成与模架平台轨道连接牢固	所有的连接螺栓应露出螺母3扣以上，并用力拧紧	目测和扭力扳手检测
		滑轨总成移动灵活	后移模板架体，启动退模葫芦电机后进退灵活	目测或手感
3	销接承力构件	导轨销和架体销的安装	导轨销安装到位且已插上防脱销	目测或手动
			架体销安装到位且已插上防脱销	目测和手动
4	防倾、防坠落装置	导轨的垂直度和挠度	导轨的垂直度为5/1000或30mm，工作状态中的最大挠度应小于1/500或15mm	吊线和钢卷尺
		附墙支座与导轨的间隙	附墙支座与导轨间隙应小于5mm	目测和钢卷尺
		防坠落装置	防坠摆块转动灵敏，星轮与防坠摆块配合灵敏，星轮与导轨防坠横杆啮合传动良好	目测和钢卷尺
5	电气控制和电动提升系统	电气控制操作	电控系统工作正常、灵敏可靠	操作试验
		电气系统接线	电气接线应牢固、电缆接头绝缘可靠，电路应有漏电和接地保护	目测和检测
		电动葫芦	电动葫芦工作正常可靠	目测和钢卷尺
		电动系统超载报警	超载时声光报警并自动停机	目测和试验
6	支撑架体系统	支撑架总成	采用销轴连接要插上防脱销，螺栓螺母连接要采用平垫圈弹簧垫圈并用力拧紧	目测和扳手
		竖向挂架	竖向主框架的安装垂直度为1/500或11mm	经纬仪或吊线和钢卷尺
		顶墙件总成	螺杆螺母转动灵活	扳手
		模架平台机位支承跨度	直线布置不大于5m	钢卷尺
		模架平台的悬挑长度	工具式架体不得大于1/2水平支承跨度或2.4m	钢卷尺
		模架平台的悬臂高度	在爬升和使用工况下，悬臂高度均不得大于7.2m	钢卷尺

续表

序号	检查项目	验收内容	技术要求	检查方法与工具
7	操作架体系统	脚手板	脚手板整齐规整	目测和试验
		模架平台外侧的防护	定型钢网,可靠固定在架体上	目测和试验
		模架操作平台的密封	上层与墙体密封,间隙小于或等于50mm,底层与墙体密封无间隙	目测和试验
		模架作业层的防护	作业层平整,外防护网整齐完整	目测和试验
		模架平台开口处的防护	有可靠的防止人员及物料坠落的措施	目测和试验
		模架平台的防火	全钢结构	目测
		模架平台吊架的内防护	设上下防护栏杆各一道	目测

二、爬升模板的安装安全技术措施及注意事项

（一）安装安全技术措施

安全技术措施是实现安全生产的重要保障。由于每个项目、每项工作的特点各有差异,制定安全技术措施要有针对性,需充分考虑施工作业环境、施工特点等,根据爬模安装阶段的实际情况,重点落实好如下安全技术措施:

（1）所有设备构件检验合格。

爬模所使用的设备构件必须进行查验合格后,方可使用。设备构件的质量合格与否,是保障所安装架体安全使用的关键因素。

主要是:1）当结构件采用螺栓连接时,螺栓应符合产品说明书的要求;2）当采用高强度螺栓连接时,其连接表面应清除灰尘、油漆、油迹和锈蚀,应使用力矩扳手或专用工具,并按设计、装配技术要求拧紧;3）当结构件采用销轴连接方式时,应使用生产厂家提供的产品,销轴规格必须符合设计要求,销轴必须有防止脱落的锁定装置。

（2）爬模安装作业面应有保障施工人员的安全防护措施。

（3）安装过程中严禁进行交叉作业。特殊情况必须交叉作业时,须采用槽钢或钢管搭设上铺密目网和脚手板的硬质防护棚,以确保施工安全。

（4）安装作业时,在地面应设置围栏和警示标志,并派专人看护,非操作人员不得入内。

（5）爬模施工应符合现行的行业标准《建筑施工高处作业技术规程》（JGJ 80—91）的有关规定。

（6）操作平台上应在显著位置标明允许的荷载值,设备、材料及人员等荷载应均匀分布,人员、物料不得超过允许荷载。

（7）操作平台上应按消防要求设置灭火器。施工消防供水系统应随爬模施工同步设置。

（二）安装安全注意事项

爬模安装阶段,操作人员登高、悬空作业频次较多,吊装设备辅助安装频次和累计时间较长,安全事故发生概率较高。为防止事故发生,除按上述采取安全技术措施外,还应重视如下安全注意事项:

1. 作业人员的基本要求

爬模安装人员应符合如下主要要求：（1）操作人员已接受安全教育和技术交底，理解所述内容并履行签字手续，在专业厂家技术指导下进行；（2）施工过程中，作业人员应正确佩戴和使用劳动保护用品；（3）施工过程中的特种作业人员，应当是年满18周岁，具备初中以上文化程度，经过专门培训并经建设主管部门考核合格，取得《建筑施工特种作业人员操作资格证书》；（4）严格按照施工工艺进行操作，施工中严禁出现"三违"（即违章指挥、违章操作、违反劳动纪律），确保"三不伤害"（即不伤害自己、不伤害他人、不被他人伤害）；（5）吊装中，塔吊司机与信号工的信号必须保持畅通不间断，起吊及入位时须缓慢进行，严禁猛起猛落；（6）吊运其他物料时，严禁刮碰爬模设备、构件等；（7）安装作业过程中操作人员应佩带工具袋，使用中集中精力防止工具滑脱，使用后将工具放入工具袋中；（8）施工作业过程中不野蛮施工或侥幸冒险作业。

2. 落实施工现场安全管理措施

爬模安装应落实如下主要安全管理措施：（1）爬模安装单位与使用单位签订安装合同，明确双方的安全责任；（2）实行总承包的，施工总包单位应当与安装单位签订爬模安装工程安全协议书；（3）实行劳务分包的爬模专业承包单位或总包单位，应当与具有合法安装资质且有专业操作人员的劳务单位签订爬模安装安全协议；（4）安装过程中发现与方案不一致等特殊情况时，须立即与技术部门沟通联系，并按照技术部门的特殊处理方案实施；（5）安装作业时，总包单位应派专人进行监督，监理单位应实施监理；（6）在操作平台上进行电、气焊作业时应有防火措施，并设专人看护。

3. 落实不利环境因素的防范措施

遇有五级及以上大风、大雨、大雪、大雾等极端恶劣天气时，应停止安装并做好与建筑结构间拉结。

三、爬升模板的拆卸基本程序

（一）拆卸前准备工作

1. 拆除人员及工具、场地的准备

根据项目部所定的时间，提前做好操作人员、工具及防护用品（安全帽、安全带、警示标志、扳手、钳子、工具袋等）等准备工作。

根据拆除构件的多少，准备出专用的爬模构件堆放场地，并要考虑出整体拆除构件的地面解体操作场地。

2. 对操作人员进行拆架交底

架体正式拆除前，项目部组织所有参与架体拆除的架子工，由厂家技术人员对其进行拆架的技术及安全交底，并在交底文字资料上签名，将资料归档留存。

项目的安全部对架子工所持证件的有效性进行检查，要求架子工必须持证上岗，禁止无证操作。

3. 防护措施的落实

爬模拆卸作业时，需落实如下主要防护措施：（1）通知相关人员（架子工、紧邻架体作业的所有作业人员）拆架的具体部位和时间，要求其提前安排好各自的工作；（2）拆除前在爬模底部10m范围内，拉上警戒线进行封闭，禁止人员进入，并派专人看守，严禁其他无关人员在正拆除的架体上、临架、架底进行施工。

（二）拆卸作业基本程序

1. 总体拆卸作业要求

根据《危险性较大的分部分项工程安全管理办法》（建质〔2009〕87号）规定，爬模的拆除须有专项的拆除方案。根据方案合理组织人员，地面设置足够的分解空间和材料堆放场地，落实专人指挥，设置警戒区。为确保施工进度、作业安全及设备构件的完好，需重点落实如下工作：

（1）拆除前的检查

检查架体附着装置是否齐全可靠，架体是否牢靠的固定于结构。检查架体临边防护、洞口防护是否完善可靠。

（2）拆除前的准备

主要是：1）拆除前编制专项施工方案；2）拆除前组织满足施工需要的人员，并对其进行安全技术交底；3）根据方案要求准备拆除所需的工具用具及劳动保护用品；4）落实各项防止人员或物料坠落的措施；5）落实拆除现场的技术指挥人员和安全管理人员。

2. 拆卸作业主要步骤

（1）清理爬模架体上物料、垃圾等

清理时，应从上往下进行。所有被清理出的物料、垃圾等，必须清至楼内再运至地面，严禁直接从架体向下抛掷。

（2）拆除升降系统设备

从进线端拆掉电源进线、配电箱、电缆，并运至库房分类堆放整齐。拆除电器设备时，注意保护设备，严禁硬拉、硬拽。拆除电气控制设备、电动葫芦、油缸等重要设备时，应用施工电梯运至地面库房，并分类堆放整齐。

（3）架体构架部分的拆除

按照"先搭后拆，后搭先拆，从上至下"的原则，从架体悬臂部位开始由上至下逐步拆除。主要步骤是：1）将支撑在模板上的上平台和三角支架、模架上的模板，使用塔吊吊至地面分解；2）将工具式架体单元的下节与上节的连接断开，使用塔吊将架体下节单元整体吊至地面分解；3）将工具式架体单元的上节与模架机位的连接断开，使用塔吊将架体上节单元整体吊至地面分解；4）将模架机位（含导轨和附墙支座）吊至地面分解。

3. 拆除过程中的管控

依据《建筑施工企业安全生产管理规范》（GB 50656—2011）第12.0.4条规定，项目专职安全生产管理人员应由企业委派，并承担以下主要的安全生产职责：（1）监督项目安全生产管理要求的实施，建立项目安全生产管理档案；（2）对危险性较大分部分项工程实施现场监护，并做好记录；（3）阻止和处理违章指挥、违章作业和违反劳动纪律等现象；（4）定期向企业安全生产管理机构报告项目安全生产管理情况。

爬模拆除过程中，应做好如下重点管控：（1）爬模拆除工作应按照安全操作规程的要求进行；（2）高处作业人员应是持有效特种作业操作证的人员；（3）拆除的物料及设备构件等严禁抛掷；（4）拆除的进度紧密配合施工进度，并满足安全防护要求；（5）须采用塔吊配合拆除的主框架等设备构件时，严禁超载；（6）及时发现纠正"三违"行为。

四、爬升模板的拆卸安全技术措施及注意事项

(一)拆卸安全技术措施

安全技术措施是保障施工安全的关键要素之一。针对爬模拆除施工的具体情况,拆除时须落实如下重点安全技术措施:(1)拆除作业时,地面必须设围栏和警戒标志,并派专人看守;(2)在起重机械起重力矩允许范围内,对大模板进行分段拆除起吊;(3)竖直方向可分模板、上架体、下架体与导轨四部分,分别予以拆除;(4)最后一段爬模装置拆除时,要留有操作人员撤退的通道或脚手架。

(二)拆卸安全注意事项

爬模拆卸时,要重点注意如下的安全事项:(1)严格按照操作规程和拆除方案进行作业;(2)爬模装置拆除前,必须清除影响拆除的障碍物,清除平台上所有的剩余材料和零散物件;(3)控制装置和电路系统拆除前,必须确认断电;(4)拆除过程中拟吊离的与未吊离的构件发生刮卡时,不得猛撬猛砸,不得用吊装设备强制拉拽;(5)出现无法正常拆卸需要用气割的,必须有专人看火并配备合适的灭火设施,切割时不得损伤架体主构件;(6)各作业人员听从统一指挥,分工明确,密切配合;(7)保持吊机操作人员与架体拆除人员的通讯联络通畅;(8)遇到雷雨、雾、雪或风力达到五级以上的天气时,不得进行集成式电动爬升模板系统的拆除作业。

五、爬升模板安装和拆卸过程中常见问题的处理

(一)安装过程中常见问题的处理

1. 上操作平台变形

上操作平台为钢筋绑扎作业平台,在施工荷载超载时容易发生变形,导致爬模存在一定的安全隐患。其造成的主要原因是:在放置工程材料(如钢筋、电焊机、预埋件等)时,材料堆放过多、过于集中。

应采取的防治措施是:合理放置施工中所用的材料和设备;定时清理施工操作平台,将目前工序中不需要的材料和设备清出施工操作平台。同时,定期检查施工操作平台构件变形情况,及时加固调整。

2. 爬锥受力螺栓或定位盘不易拆除

采用爬锥固定附着支座时,在浇筑完混凝土后,因为受力螺栓(定位盘)与爬锥之间进入了水泥浆从而导致其不易拆除,无法重复使用。其造成原因是:受力螺栓(定位盘)与爬锥之间未涂黄油或黄油未全部涂满间隙。混凝土振捣时振捣棒抵住爬锥振捣,从而使水泥浆进入受力螺栓(定位盘)与爬锥间的间隙。

应采取的防治措施是:加强交底及监督管理力度,保证受力螺栓(定位盘)与爬锥之间以及其接口处的外圈涂满黄油。标识出爬锥位置,在混凝土浇筑期间振捣需靠近而不可触碰到爬锥振捣。

3. 模板脱模装置变形

在浇筑完混凝土后,需用模板支撑滑动装置来脱模板,操作不当可能使该装置发生变形情况。其造成的原因是:脱模的过程中因模板滑动装置的不同步,尤其是采用人工操作的滑动装置时容易出现,或者模板上的拉杆仍与模板存在连接而硬性脱模,或者架体与其他架体之间存在连接(如防护栏杆、安全网、电线、钢丝绳等)使得滑动装置发生变形。

应采取的防治措施是:在脱模之前需检查拉杆是否已抽出或者已割除,检查架体之间

的连接是否解除。在脱模时，须保证后移装置的同步，可预先在后移装置下标出尺寸，从而使后移装置不易发生变形。

4. 阳角爆模

其造成的原因是：在模板转角（结构阳角）处，模板无法设置对拉拉杆，混凝土浇筑时对模板的侧压力很大，转角处模板容易发生爆模。

应采取的防治措施是：模板调整到位后，要及时将模板转角处拉杆进行安装，并拧紧拉杆螺母，确保模板在混凝土浇筑过程中不发生爆模。

模板转角处拉杆如图 3-3-5、图 3-3-6。

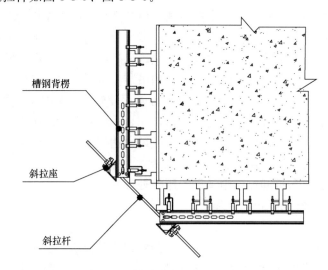

图 3-3-5 模板转角处拉杆示意图 1

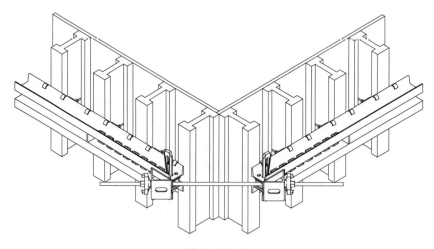

图 3-3-6 模板转角处拉杆示意图 2

（二）拆卸过程中常见问题的处理

1. 连接螺栓拧不动

其造成的原因是：架体安装好后，在使用中日常维护保养工作不到位，连接处螺栓外露的丝扣没有防护且未刷油保养。

应采取的防治措施是：架体连接处螺杆外露的丝口应采取防污染措施，并指定专人定期进行维护保养。

2. 模板拆除困难

其造成的原因是：（1）模板未刷隔离剂；（2）拆模时间过晚，混凝土粘住模板；（3）未按方案要求顺序拆模；（4）起重设备与所吊运的模板重量不相匹配。

应采取的防治措施是：（1）每次拆模后须清理模板表面，并刷隔离剂；（2）严格把控拆模时间；（3）严格按照方案设计顺序予以拆除；（4）根据所拆模板重量选择相匹配的起重设备。

六、滑升模板的安装基本程序

（一）安装前的准备工作

（1）滑模的组装工作，应在起滑线以下的基础或结构的混凝土达到一定强度后方可进行。基础土方应回填平整。

（2）按照图纸，在基底上弹出结构各部位的轴线、边线、门窗等尺寸线，并标出提升架、支承杆、平台桁架等装置的位置线和标高。

（3）在结构基底及其附近，设置一定数量可靠的观测垂直偏差的控制桩和标高控制点。

（4）对滑模装置的各个部件，必须按有关制作标准检查其质量，进行除锈和刷漆等处理，核对好规格和数量并依次编号，然后妥善存放以备使用。

（5）进行液压设备的试车、试压检查。

（6）安装垂直运输设备和搭设临时组装平台。

（二）安装作业基本程序

1. 总体安装作业要求

滑升模板体系的安装顺序如图 3-3-7 所示，主要工作步骤如下：

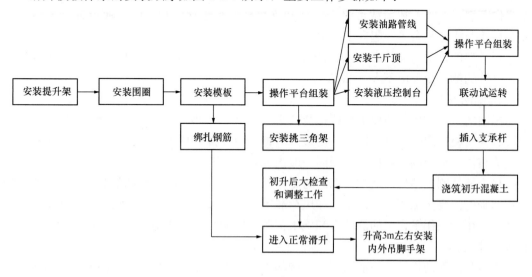

图 3-3-7　滑升模板安装工艺

第一步：安装提升架，并检查其水平和垂直度。

第二步：安装围圈，将围圈按先内后外、先上后下的顺序与提升架立柱锁紧固定。若采用改变围圈间距的方法形成模板倾斜度时，应调整好上、下围圈的倾斜度。

第三步：绑扎第一段墙板内的钢筋、安设预埋件及预留孔洞的胎膜。

第四步：安装模板，宜按照先内后外、先角模后其他的顺序进行安装。若采用改变模板厚度的方法形成倾斜度时，应调整好模板与围圈间的相对位置。

第五步：安装内操作平台的桁架（梁）、支撑和平台铺板，平台铺板应与模板上口齐平或略高于模板上口。

第六步：安装外操作平台的三角挑架、铺板、防护栏杆等。

第七步：安装液压千斤顶及液压设备，并进行空载试车及对油路加压排气。

第八步：在液压系统试验合格后，安装支承杆并校核其垂直度。

第九步：待滑升施工开始后模板升至约 3m 左右时，安装内外吊脚手架及挂安全网。

2. 支承杆安装

支承杆支承着作用于千斤顶的全部荷载，包括模板系统、操作平台、模板的摩阻力和施工荷载等全部荷载。支承杆一般采用 $\phi25$ 圆钢或 $\phi48\times3.5$ 钢管，由于钢管的稳定性较好，脱空长度较大（达 2.5m），目前一般采用 $\phi48\times3.5$ 钢管作支承杆。

支承杆的连接方法，常用的有丝扣连接、榫接和剖口焊接三种。在实际操作时，$\phi25$ 圆钢支承杆一般采用丝扣方法进行连接，$\phi48\times3.5$ 钢管支承杆一般采用榫接方法进行连接。支承杆的焊接，一般在液压千斤顶上升到接近支承杆顶部时进行，若接口处略有偏斜或凸疤，可采用手提砂轮机处理平整，使其能顺利通过千斤顶孔道；也可在液压千斤顶底部超过支承杆后进行，但当这台液压千斤顶脱空时，其全部荷载要由左右两台千斤顶承担。因此，在进行千斤顶数量及围圈强度设计时，要考虑到这一因素。

3. 提升架安装

提升架是安装千斤顶并与围圈、模板连接成整体的主要构件。其主要作用是控制模板、围圈由于混凝土的侧压力和冲击力而产生的向外变形，同时承受作用于整个模板上的竖向荷载，并将上述荷载传递千斤顶和支撑杆。当千斤顶爬升时，通过提升架带动围圈、模板及操作平台等一起向上滑动。

提升架的横梁与立柱必须刚性连接，两者的轴线应在同一平面内。在使用荷载作用下，立柱的侧向变形应不大于 2mm。

4. 围圈安装

围圈的主要作用是使模板保持组装的平面形状，并将模板与提升架连接成一个整体。围圈分为模板围圈和提升架围圈。模板围圈把模板连接为整体，而提升架围圈则把提升架连接为整体。模板围圈和提升架围圈一般内外各设置两道，形成封闭结构，把模板和提升架连接为整体刚性结构；上下围圈的间距一般为 450~750mm。围圈在工作时，承受由模板传递来的混凝土侧压力、冲击力和风荷载等水平荷载及滑升时的摩阻力，操作平台自身荷载，作用于操作平台上的静荷载和施工荷载等竖向荷载，并将其传递到提升架、千斤顶和支撑杆上。

模板与围圈的连接，一般采用挂在围圈上的方式，而围圈与提升架的连接一般采用焊接刚性连接。为保证模板系统的刚性，防止其变形，上下围圈一般用 $\phi12$ 钢筋设置剪刀撑。操作平台上的荷载较多，为防止提升架和围圈径向外倾，在操作平台的下部设置与提升架数量基本相同径向拉杆，操作平台中心下口设置水平放置的环形钢板，厚度一般不小于 10mm，直径 1500mm 左右，用不小于 $\phi12$ 的钢丝绳做拉杆，一端固定在环形钢板上，一端固定在模板下口围圈上。

5. 操作平台安装

滑模的操作平台即工作平台，是绑扎钢筋、浇筑混凝土、提升模板、安装预埋件等工作的场所，也是钢筋、混凝土、预埋件等材料和千斤顶、振捣器等小型备用机具的暂时存放场地。液压控制机械设备，一般布置在操作平台的中央位置附近，有时还利用操作平台架设垂直运输机械设备，如烟囱滑模操作平台，而造粒塔滑模的情况则利用塔吊进行垂直运输。

操作平台一般分为内操作平台和外操作平台两部分。内操作平台通常由承重桁架（或梁）与平台铺板组成，承重桁架（或梁）的两端可支承于提升架的立柱上，亦可通过托架支承于上下围圈上。造粒塔滑模操作平台桁架钢梁的两端支承在提升架上下围圈上，由围圈把平台荷载传递给提升架，避免荷载集中传递给少量的提升架，受力较为合理。外操作平台通常由支承于提升架外立柱的三角挑架于平台铺板组成，外挑宽度不宜大于 1000mm，在其外侧需设置防护栏杆，其高度不小于 1200mm。操作平台的桁架（或梁）、三角挑架及平台铺板等主要构件，按其跨度和实际荷载情况通过计算确定。

6. 吊脚手架安装

操作平台下面设置吊脚手架，分为内外吊脚手架，主要用于检查混凝土的质量、模板的检修和拆除、混凝土表面装修和浇水养护等工作。内吊脚手架可挂在提升架和操作平台的桁架上，外吊脚手架可挂在提升架和外挑三脚架上。吊脚手架铺板的宽度，宜为 500～800mm，钢吊杆的直径不应小于 16mm，也可用角钢，一般为 $\angle50\times5$ 等边角钢。吊杆螺栓必须采用双螺帽。吊脚手架的外侧必须设置安全防护栏杆，满挂安全网和密目网，并完全封闭。

7. 千斤顶安装

液压千斤顶（又称穿心式液压千斤顶或爬杆器），其中心穿支承杆。在周期式的液压动力作用下，千斤顶可沿支承杆作爬升动作，以带动提升架、操作平台和模板随之一起上升。

国产千斤顶有 GYD 型和 QYD 型等，卡具分别为滚珠式和楔块式，额定起重量为 30～100kN。常用的型号为 GYD-60 型。其工作原理：工作时，先将支承杆由上向下插入千斤顶中心孔，然后开动油泵，使油液由油嘴进入千斤顶油缸，由于上卡头与支承杆锁紧，只能上升不能下降，在高压油液的作用下，油室不断扩大，排油弹簧被压缩，整个缸筒连同下卡头及底座被举起，当上升到上、下卡头相互顶紧时，即完成提升一个行程。回油时，油压被解除，依靠排油弹簧的压力，将油室中的油液由油嘴排出千斤顶，此时下卡头与支承杆锁紧，上卡头及活塞被排油弹簧向上推动复位。依次循环，可使千斤顶爬升一个行程，加压即提升，排油即复位。千斤顶即沿着支承杆不断爬升。一个行程可以爬升 20～30mm。

液压千斤顶使用前，应按下列要求检验：（1）耐油压 12MPa 以上，每次持压 5min，重复三次，各密封处无渗漏；（2）卡头锁固牢靠，放松灵活；（3）在 1.2 倍额定荷载作用下，卡头锁固时的回降量，滚珠式不大于 5mm，楔块式不大于 3mm；（4）同一批组装的千斤顶，在相同荷载作用下，其行程应接近一致，用行程调整帽调整后，行程差不得大于 2mm。

8. 液压控制台及油路安装

(1) 液压控制台安装

液压控制台是液压传动系统的控制中心，是液压滑模的心脏，主要由电动机、齿轮油泵、换向阀、溢流阀、液压分配器和油箱等组成。其工作过程为：电动机带动油泵运转，将油箱中的油液通过溢流阀控制压力后，经换向阀送到液压分配器，然后经油管将油液输入进千斤顶，使千斤顶沿支承杆爬升，当活塞走满行程之后，换向阀变换油液的流向，千斤顶中的油液从输油管、液压分配器经换向阀返回油箱。每一个工作循环，可使千斤顶带动模板系统爬升一个行程。

液压控制台按操作方式的不同，可分为手动和自动控制等形式。常用的型号有 HY-36、HY-56 型以及 HY-72 型等，应根据需要控制千斤顶的数量和流量来选择。

液压系统安装完毕，应进行试运转，首先进行充油排气，然后加压至 12N/mm²，每次持压 5min，重复 3 次，各密封处无渗漏，应进行全面检查，待各部分工作正常后，插入支承杆。

(2) 油路系统安装

油路系统是连接控制台到千斤顶的液压通路，主要由油管、管接头、液压分配器和截止阀等元、器件组成。油管一般采用高压无缝钢管及高压橡胶管两种，根据滑升工程面积大小和荷载决定液压千斤顶的数量及编组形式。主油管内径不得小于 16mm，分油管内径应为 10～16mm，连接千斤顶的油管内径为 6～10mm。滑模所用的主、分油管一般采用高压橡胶胶管。

油路的布置一般采取分级方式，即从液压控制台通过主油管到分油器，从分油器经分油管到支分油器，从支分油器经胶管到千斤顶。由液压控制台到各分油器及由分、支分油器到各千斤顶的管线长度，在设计时应尽量相近。油管接头的通径、压力应与油管相适应。胶管接头的连接方法是用接头外套将软管与接头芯子连成一体，然后再用接头芯子与其他油管或元件连接，一般采用扣压式橡胶管接头或可拆式胶管接头。截止阀又叫针形阀，用于调节管路及千斤顶的液体流量，控制千斤顶的升差，一般设置于分油器上或千斤顶与管路连接处。

液压油应具有适当的黏度，当压力和湿度改变时，黏度的变化不应太大。一般可根据气温条件选用不同黏度等级的液压油。液压油等级型号一般为：L-HM，年度等级从 15 号到 150 号。液压油在使用前和使用过程中均应进行过滤，冬季低温时可用 22 号液压油，常温用 32 号液压油，夏季酷热天气 46 号液压油。

(三) 安装后的自检与调试

《滑动模板工程技术规范》(GB 50113—2005) 第 5.2.10 条规定，滑模千斤顶应逐个编号经过检验，并应符合下列规定：(1) 千斤顶在液压系统额定压力为 8MPa 时，额定提升能力分别为 30kN、60kN、90kN 等；(2) 千斤顶空载启动压力不得高于 0.3MPa；(3) 千斤顶的最大工作油压为额定压力的 1.25 倍，卡头应锁牢靠，放松灵活，升降过程应连续平稳；(4) 千斤顶的试验压力为额定油压的 1.5 倍时，液压系统在试验油压下持压 5min，各密封处必须无渗漏；(5) 出厂前千斤顶在额定压力提升荷载时，下卡头锁固时的回降量对滚珠式千斤顶应不大于 5mm，对楔块式或滚楔混合式千斤顶不大于 3mm；

（6）同一批组装的千斤顶应调整其行程，使其行程差不大于 1mm。

七、滑升模板的安装安全技术措施及注意事项

（一）安装安全技术措施

滑升模板的安装，不但关系着模板能否顺利滑升，也关系着施工人员及设备的安全。

在安装时，需落实好如下安全技术措施：（1）在施工准备时，根据设计图纸及施工工艺，对滑模系统进行全面的设计验算，主要应包括支撑杆支撑数量验算、支撑杆空滑加固验算、提升架及围圈受力验算、操作平台桁架受力验算、降平台施工工艺验算。经过验算检验滑模平台及支撑系统的强度、刚度和稳定性，确保滑模系统安全性。（2）滑模操作平台的制作，必须按设计图纸加工；如有变动，必须经设计人员核验。（3）制作滑模操作平台的材料应有合格证，其品种规格等应符合设计要求。材料的代用，必须经主管设计人员同意。（4）滑模操作平台各部件的焊接质量必须经检验合格，符合设计要求。（5）操作平台（包括内外吊脚手）边缘应设钢制防护栏杆，其高度不小于 120cm，横挡间距不大于 35cm，底部设高度大于 18cm 的挡板。在防护栏杆外应满挂金属网或安全网封闭，并应与防护栏杆绑扎牢固。内外吊脚手架操作面一侧的栏杆与操作面的距离不大于 10cm。（6）滑模滑升前须进行混凝土性能试验。通过试验室的试验，找出不同条件下混凝土强度发展规律，实际施工时根据各种情况调整配合比以及外加剂掺量来适应不同气候条件，使混凝土强度增长满足规范要求的出模强度（$0.2 \sim 0.4$MPa，或贯入阻力 $3.5 \sim 10$MPa），防止出现滑升过早导致的混凝土坍塌和滑升过晚导致的仓壁混凝土拉裂等问题。

（二）安装安全注意事项

滑升模板安装时，应当注意以下事项：（1）严格按照设计方案和操作规程进行安装。（2）操作人员正确佩戴和使用劳动保护用品。作业人员所佩戴的劳动保护用品应无破损且在有效使用期限内，调整好帽箍、系好下颚带，安全带高挂低用且挂设处必须牢固可靠。（3）操作平台及吊脚手架上的铺板必须严密平整、防滑、固定可靠，并不得随意挪动。操作平台上的孔洞应设盖板封严。（4）操作平台的内外吊脚手及平台下部应兜底满挂安全网。（5）滑模施工的动力及照明用电应设有备用电源。如没有备用电源时，应考虑停电时的安全和人员上下的措施。（6）安装施工部位楼地面应设置警戒区、挂设警示标识并有人看护，任何人不得进入作业区域下方；（7）操作平台上宜设有专用消防灭火器。

八、滑升模板的拆卸基本程序

（一）拆卸前准备工作

滑升模板拆卸前，应当做好以下准备工作：

1. 拆除人员及工具、场地的准备

主要是：（1）根据项目部所定的时间提前做好操作人员、工具及防护用品（安全帽、安全带、警示标志、扳手、钳子、工具袋等）等准备工作；（2）根据拆除构件的多少，准备出专用的滑模构件堆放场地，并要考虑整体拆除构件的地面解体操作场地。

2. 对操作人员进行拆架交底

主要是：（1）架体正式拆除前，项目部组织所有进行架体拆除的架子工，由厂家技术人员对其进行拆架的技术及安全交底，并在交底文字资料上签名，资料归档留存；（2）项目安全部对架子工所持证件的有效性进行检查，要求架子工必须持证上岗，禁止无证操作。

3. 防护措施的落实

主要是：（1）通知相关人员（架子工及紧邻架体作业的所有作业人员）拆架的具体部位和时间，要求其提前安排好各自的工作；（2）拆除前在滑模底部 10m 范围内，拉上警戒线进行封闭，禁止人员进入，并派专人看守，严禁其他无关人员在正在拆除的架体上、临架、架底进行施工。

（二）拆卸作业基本程序

1. 总体拆卸作业要求

滑升模板系统拆除应在混凝土浇筑完毕达到强度后进行，拆除以先装后拆为原则利用塔吊配合，拆除人员必须服从指挥，并带好安全带，按顺序拆除。

2. 拆卸作业主要步骤

拆卸作业主要步骤如下：

滑模结束→拆除油路、油泵→内外模板→内外吊脚手架→内外操作平台→围圈、提升架、千斤顶

九、滑升模板的拆卸安全技术措施及注意事项

（一）拆卸安全技术措施

滑升模板拆卸通常是在结构上分段拆开后，利用塔吊（汽车吊）等起重设备吊运至地面再拆卸分解成单一构配件，稍有不慎容易引发设备损坏或人员伤害的安全事故。

拆卸作业需落实如下主要安全技术措施：（1）技术部门出具专项拆除方案并进行技术安全交底；（2）拆除作业时，地面必须设围栏和警戒标标志，并派专人看守；（3）在起重机械起重力矩允许范围内，对模板及架体进行分段拆除起吊；（4）在最后一段滑模装置拆除时，要留有操作人员撤退的通道或脚手架。

（二）拆卸安全注意事项

滑升模板拆卸时，应当注意以下事项：（1）拆除前，必须清除影响拆除的障碍物，清除平台上所有的剩余材料和零散物件；（2）控制装置和电路系统拆除前，必须确认断电；（3）严格按照操作规程和拆除方案进行作业；（4）施工中作业人员正确佩戴使用劳动保护用品，严禁出现"三违"，确保"三不伤害"；（5）吊拆时，塔吊司机与信号工的信号必须保持畅通不间断，严禁超负荷吊装；（6）吊拆时，严禁与相邻的附着式升降脚手架设备、构件等刮碰；（7）拟吊离的架体上严禁有松散物料或构配件，防止吊至半空发生坠落引发事故；（8）遇有五级及以上大风、大雨、大雪、大雾等极端恶劣天气时，应停止安装并做好与结构间拉结；（9）操作人员严禁站在即将吊离的架体上操作；（10）当相邻两段发生刮卡时需找准刮卡点，严禁猛撬猛砸，严禁强制吊离等野蛮冒险作业。

十、滑升模板安装和拆卸过程中常见问题的处理

（一）安装过程中常见问题的处理

滑升模板在安装过程中，常出现安装好的模板上口小、下口大的问题，需视情况有针对性采取处理措施。如果结构单面倾斜度为模板高度的 0.1‰～0.3‰ 时（带坡度的筒壁结构如烟囱等），可采用如下处理措施：（1）模板倾斜度应根据结构坡度情况作适当调整；（2）模板上口以下 2/3 模板高度处的净间距应与结构设计截面等宽。

（二）拆卸过程中常见问题的处理

滑升模板的使用周期较长（几月甚至几年），设备均是金属构件，且长时间暴露在外，

易出现氧化或被雨水浸蚀等。在拆卸时出现如下困难，除应做好日常维护保养外，还需查明问题的原因，根据实际情况采取有效措施，严禁野蛮施工。

1. 连接螺栓拧不动

该问题的原因主要是：架体安装好后，使用中日常维护保养工作不到位，连接处螺栓外露的丝扣没有防护且未刷油保养。应当采取的防治措施是：架体连接处螺杆外露的丝口应采取防污染措施，并指定专人定期进行维护保养。

2. 模板拆除困难

该问题的原因主要是：（1）模板未刷隔离剂；（2）拆模时间过晚，混凝土粘住模板；（3）未按方案要求顺序拆模；（4）起重设备与所吊运的模板重量不相匹配。

应采取的防治措施是：（1）每次拆模后须清理模板表面并刷隔离剂；（2）严格把控拆模时间；（3）严格按照方案设计顺序予以拆除；（4）根据所拆模板重量选择相匹配的起重设备。

第四节　爬升模板和滑升模板施工使用前的验收

一、爬升模板和滑升模板施工使用前的验收组织

《建设工程安全生产管理条例》第 35 条规定，施工单位在使用施工起重机械和整体提升脚手架、模板等自升式架设设施前，应当组织有关单位进行验收，也可以委托具有相应资质的检验检测机构进行验收；使用承租的机械设备和施工机具及配件的，由施工总承包单位、分包单位、出租单位和安装单位共同进行验收。验收合格的方可使用。

施工单位应当自施工起重机械和整体提升脚手架、模板等自升式架设设施验收合格之日起 30 日内，向建设行政主管部门或者其他有关部门登记。登记标志应当置于或者附着于该设备的显著位置。

二、爬升模板和滑升模板施工使用前的验收程序

参照《建筑施工工具式脚手架安全技术规范》（JGJ 201）要求，爬模首次安装完毕，应由安装单位进行自检，自检合格后应告知总承包单位；总承包单位组织分包单位、租赁单位、安拆单位、监理单位进行联合验收。

施工总承包单位应当自验收合格之日起 30 内，持相关资料到工程所在地区（县）住房城乡主管部门办理登记备案。

三、爬升模板和滑升模板施工使用前的验收内容

（一）基本资料验收

《平台式液压整体爬模安全技术规范》第 9.0.1 条规定，平台式液压整体爬模安装前应具有下列文件：（1）相应资质证书及安全生产许可证；（2）平台式液压整体爬模鉴定证书或验收报告或评估证书；（3）主要部件及液压设备的合格证；（4）特种作业人员和管理人员岗位证书；（5）主要部件及提升机构的合格证。

（二）主构架安装验收

入场前应当对各构件质量已进行查验。对主构架验收时应重点查验：（1）各节点是否采用焊接或螺栓连接；（2）查验各节点焊缝质量是否合格；（3）查验各构件的结构尺寸偏差是否符合设计要求；（4）查验各构件应转动的部件是否灵活转动。

（三）导轨、导向杆验收

导轨、导向杆验收时，应主要查验导轨、导向杆的外形尺寸、垂直度、平整度等偏差是否符合设计要求；查验各焊接点焊缝质量是否合格；查验导轨、导向杆与相配合的构件匹配度是否符合设计要求。

（四）附着装置安装验收

附着装置安装验收时，须重点查验如下内容：（1）附着装置的数量是否符合要求；（2）附着装置的安装质量是否符合要求；（3）附墙装置是否采用锚固螺栓与建筑物连接，受拉螺栓的螺母是否不少于两个或采用单螺母加弹簧垫圈；（4）附墙装置在建筑物上连接处混凝土的强度是否满足按设计要求。

（五）防坠落装置 安装验收

防坠落装置安装验收时，须重点查验如下内容：（1）防坠落装置是否设置在竖向主框架处，并附着在建筑结构上；（2）防坠落装置是否每一升降点至少有一个，且使用和升降工况下都能起作用；（3）防坠落装置与升降设备是否分别独立固定在建筑结构上；（4）防坠落装置是否应具有防尘防污染的措施，且灵敏可靠和运转自如。

（六）升降装置验收

升降装置验收时，须重点查验如下内容：（1）升降承重点是否满足设计及荷载要求。（2）固定升降承重点处的建筑物混凝土强度是否满足设计要求，且不小于 2.5Mp。（3）升降动力设备环链提升机或液压设备是否是同一厂家、同一品牌、同一型号。（4）液压设备油品使用应符合液压设备使用说明书中的下列规定：1）应使用说明书指定黏度级别和黏度范围内的液压油；2）禁止不同类型或同类型不同品种的液压油混合使用；3）液压油的洁净度应符合技术规范所指定的要求；4）保持液压设备、液压系统的清洁，及时清除油箱内的油泥和污物；5）油位下降过大可能会引起损坏或故障，应将设备的存油量维持在最大和最小油位之间。

（七）控制系统验收

控制系统验收时，须重点查验如下内容：（1）控制系统电路、线路是否完整有效；（2）控制系统是否灵敏可靠；（3）控制系统是否有防雨、防砸、防污染等措施。

（八）架体构架安装验收

架体构架安装验收时，须重点查验如下内容：（1）查验整体爬模桁架平台结构高度是否大于 3m；（2）查验水平支承桁架间的间距是否大于 4.5m；（3）查验各垂直于外墙面的桁架端面与外墙面的间距不超过 2m；（4）查验架体底部脚手板是否铺设严密，与墙体的间隙是否通过翻板密封严密，操作层脚手板是否铺满、铺设牢固，与结构间的间隙是否采取防护措施；（5）查验架体外侧是否满挂密目式安全网，密目安全网规格≥2000 目/100cm²、≥3kg/张；（6）查验架体与结构临边、分组端是否设置防护栏杆，栏杆高度不低于 1.2m；（7）查验操作层是否设置挡脚板，挡脚板高度不低于 180mm。

第五节　爬升模板和滑升模板的施工作业安全管理

一、爬升模板施工作业现场的危险源辨识

（一）安装与拆卸过程危险源辨识

在安装与拆卸爬升模板过程中，重点应防止出现高处坠落、物体打击、起重设备伤害、架体倾覆等事故。

1. 引发高处坠落事故的危险因素

容易引发高处坠落的危险因素主要有：（1）高处作业未正确佩戴、使用安全带；（2）高处作业时，操作人员没有站立在稳定可靠的平台；（3）作业面孔洞、临边未作防护，作业人员精力不集中；（4）高处作业人员违反操作规程和施工工艺；（5）大风、大雨、浓雾等极端恶劣天气继续作业。

2. 引发物体打击事故的危险因素。

容易引发物体打击的危险因素主要有：（1）违章进入易有高处落物区域；（2）在无任何有效保障措施下进行交叉作业；（3）高处作业人员作业不认真，滑落工具；（4）作业面随意放置小构件、物料及垃圾未及时清理；（5）违章操作或堆放不当，引发物料掉落。

3. 引发起重设备伤害事故的危险因素

容易引发起重设备伤害的危险因素主要有：（1）违章操作起重设备；（2）起重设备带病使用；（3）起重设备无专人管理；（4）起重设备未经常进行检查、维护保养；（5）起重设备操作人员与信号指挥人员间信息交流不畅。

4. 引发架体倾覆事故的危险因素

容易引发架体倾覆的危险因素主要有：（1）架体安装期间未及时安装防倾覆装置，防倾覆装置设置或安装不符合规范要求；（2）安装防倾覆装置处的结构不能满足荷载要求；（3）架体未及时与结构进行可靠拉结；（4）吊运其他物料时刮碰架体。

（二）使用过程危险源辨识

在爬升模板使用过程中，重点应防止出现高处坠落、物体打击、架体坠落及架体倾覆等事故。

1. 引发高处坠落事故的危险因素

容易引发高处坠落的危险因素主要有：（1）架体空洞、临边防护设施缺失；（2）作业人员擅自拆除安全防护设施；（3）作业人员在可能发生坠落的部位作业时，未正确佩戴使用安全带。

2. 引发物体打击事故的危险因素

容易引发物体打击的危险因素主要有：（1）架体（操作层、底部）与结构间空隙未进行有效防护；（2）操作层作业人员与操作层以下的其他人员交叉作业；（3）架体物料、混凝土块、垃圾未及时清理；（4）作业人员出现"三违"行为。

3. 引发架体坠落事故的危险因素

容易引发起重设备伤害的危险因素主要有：（1）架体使用中承力装置未按要求数量安装或安装质量不符合要求，导致架体荷载无法有效传达至结构；（2）架体未按要求设置防坠落装置；（3）架体防坠落装置故障未及时修复或人为失效；（4）架体附着装置安装处、承力装置安装处、防坠落装置承力点安装处的结构承载力，不能满足架体荷载要求。

4. 引发架体倾覆事故的危险因素

容易引发架体倾覆的危险因素主要有：（1）架体升（降）完毕未及时安装防倾覆装置，防倾覆装置设置或安装不符合规范要求；（2）安装防倾覆装置处的结构不能满足荷载要求；（3）架体悬臂超过规范要求；（4）吊运施工物料时，刮碰架体悬臂部分。

（三）施工现场环境危险源辨识

施工现场环境应当重点辨识设备维修油污、噪声及尘土可能造成的危害，并查找原因，从源头采取措施予以防范和治理。

1. 设备维修油污对环境的危害

引发设备维修油污的主要原因有：（1）设备密封不严，发生跑、冒、滴、漏现象；（2）维修、保养使用的擦拭布未放置专用垃圾箱及垃圾未作专门处理。其造成的危害主要是：污染工作环境；如果长时间未治理，将造成更大的区域被污染甚至造成自然环境的破坏；改变被污染区域的安全状态，极易引发人员摔跌等事故。

2. 施工现场噪声的危害

施工现场噪声的主要危害是：施工设备噪声超过环境噪声标准，影响周边居民的日常生活，现场作业人员长期在此环境下会导致职业病。

3. 尘土对人身的危害

尘土对人身的主要危害是：尘土飞扬至空气中，人体吸入会影响身体健康，长时间则将会引发职业病。

（四）设备自身危险源辨识

对于爬模设备，应当注意防止出现设备损害及变形等问题。

1. 引发设备损坏的危险因素

引发设备损坏的主要原因是：（1）人员违章操作；（2）设备润滑油缺失情况下继续使用；（3）设备使用环境不当；（4）设备运转状态下无人看护，设备被异物卡阻，设备直线运动的构件达到极限值未被及时发现；（5）设备的安全保护装置缺失或失灵。

2. 引发设备变形的危险因素

引发设备变形的主要原因是：（1）设备超负荷使用；（2）设备运转状态下无人看护，设备直线运动的构件达到极限状态；（3）设备安全防护装置缺失或失灵。

二、爬升模板的安全操作要求

（一）施工作业前期准备的安全注意事项

爬升模板施工作业的前期准备，应当注意如下事项：

1. 人的因素

主要是：（1）操作人员接受安全教育和安全技术交底；（2）特种作业人员必须持有效的特种作业操作证；（3）设置安全管理机构，配置专职安全管理人员。

2. 物的因素

主要是：（1）所有进场设备、构件及物资质量合格，并有质量证明文件资料；（2）设备、构件堆放得当，堆放平稳，不被压坏；（3）设备、构件使用正确；（4）购置合格且与工作相适应的劳动保护用品。

3. 环境因素

主要是：（1）大风、暴雨、大雪、高温、低温等特殊气候条件下，需要采取避让或有效的防护措施；（2）夜间作业时，必须有满足正常施工的照明条件。

（二）施工作业过程的安全操作要求

施工作业过程中，应当遵守如下安全操作要求：（1）作业人员严格按照安全操作规程作业；（2）作业人员严格按照要求，正确佩戴与所从事的工作相匹配的劳动保护用品。

（3）架体升降时，作业人员不得在架体或架体底部及架体临边进行作业；（4）遇大风、暴雨、大雪等恶劣天气时，应及时采取有效加固措施后停止作业；（5）吊装作业中，塔吊司机与信号工之间的联络沟通必须通畅有效，所使用的信号工具可靠有效；（6）作业中检查安全防护装置是否灵活有效，严禁人为将防护装置失效。

（二）施工作业完成后的安全注意事项

1. 施工作业现场的安全风险防控

施工作业现场的安全风险防控，主要是安装、拆卸、升降及作业人员的风险防控。

（1）安装与拆卸的安全风险防控

主要是：1）作业前操作人员必须经过安全教育培训，接受安全技术交底；2）避免交叉作业，确实无法避免的特殊情况，须采用槽钢或钢管搭设上铺密目网和脚手板的硬质防护棚，如图3-5-1、图3-5-2所示；3）作业中有专职安全管理人员监督，杜绝发生"三违"行为；4）作业现场的地面10m外设置警戒区、警示牌并派专人看护，禁止人员进入；5）按要求做好架体与结构附着和架体与结构间的拉结；6）随架体施工进度做好架体与结构间、架体分组间的临边防护；7）遇五级及以上大风、大雨、大雪等恶劣天气应避免架体作业，正常气候条件下作业时，作业人员须正确佩戴和使用劳动保护用品；8）对协助配合的塔吊等起重设备，应检查无故障；9）各操作人员均应严格按照相关的操作规程进行作业，严禁野蛮施工。

图 3-5-1　防护棚实例　　　　　　　　　图 3-5-2　防护棚实例俯视图

（2）升降过程的安全风险防控

主要是：1）作业前操作人员必须经过安全教育培训，接受安全技术交底；2）架体底部的地面10m外设置警戒区、警示牌并派专人看护，禁止人员进入；3）作业中有专职安全管理人员监督，杜绝发生"三违"行为；4）升降中作业人员严禁上架，严禁在架体临边作业；5）遇五级及以上大风、大雨、大雪等恶劣天气应避免架体作业，正常气候条件下作业时，作业人员须正确佩戴和使用劳动保护用品；6）升降过程中操作人员必须认真负责，发现异常情况须排除后方可继续升降；7）架体上物料、垃圾已清理干净，影响架体升降的杆件等已清除。

（3）施工作业人员的安全风险防控

主要是：1）作业人员正确佩戴和使用安全防护用品；2）作业人员在作业过程中，应严格按照操作规程及安全交底进行；3）作业人员作业过程中应当精力高度集中；4）在作业过程中，有专职安全管理人员旁站监督，及时制止、纠正或提醒违规人员，确保做到"三不伤害"。

2. 施工作业现场管理的安全风险防控

主要是：（1）施工单位、使用单位等自控主体单位，须设置安全管理机构和专职安全管理人员，依据签署的安全责任协议，履行作业过程的安全管理；（2）总包单位、监理单位等监控主体单位，须按照国家相关规定履行各自的监管职责，发现事故隐患应及时督促相关责任单位和人员及时有效予以消除。

三、施工作业现场生产安全的应急处置

1. 安装与拆卸生产安全的应急处置

在架体安装和拆卸的工况下，通常易发生高处坠落、物体打击、架体坠落、架体倾覆、起重伤害等事故。

高处坠落事故、物体打击事故导致的结果，主要是人员伤害，设备、构件损坏较小甚至没有损坏；架体倾覆和架体坠落事故，导致的结果主要表现为架体出现较大变形甚至达到无法修复性变形，可能还伴随有人员受伤；起重伤害事故，导致的结果主要表现为单一的人员伤害，或是设备损坏和人员伤害与起重设备损坏同时并存。

应急处置方案：发现的人员应立即向项目负责人报告，项目负责人接到报告后初步判断事故严重程度，启动相应级别的救援预案。

（1）单一设备损坏情况

应查勘现场并分析，如果损坏较轻可不采取特殊处理措施，安排专业人员直接更换受损构件或部件；当损坏较重的，应立即采取加固等有效措施以防止损失扩大，由技术部门制定专门的处置措施并严格执行。

（2）人员受伤的处置

救援人员首先应判断伤员情况，迅速将伤员转移脱离危险场地，送至安全地带施救。

如果伤者神志清醒但有出血现象，应立即进行止血、包扎后送医院治疗；如伴随骨折等情况，须做好骨折部位的固定送医院，或等到医院救护人员到来。如果伤者昏迷，须立即采取人工呼吸、心肺复苏，并拨打急救电话120；拨打电话时，要尽量说明伤情和已经采取了些什么措施，以便让救护人员事先做好急救的准备；应讲清楚伤者（事故）发生在什么地方，如什么路、几号、靠近什么路口、附近有什么明显特征建筑、构筑物；说明报救者单位、姓名（或事故地）的电话或手机号码，以便救护车找不到地方时随时通过电话等通讯联系。打完报救电话后，应问接报人员还有什么问题不清楚，如无问题才能挂断电话。通完电话后，应派人在现场外等候接应救援车辆，并派人将进入现场路上障碍及时予以清除，以利救援车辆能及时到位施救。

2. 升降过程中生产安全的应急处置

在架体升降工况下，通常易发生触电、高处坠落、物体打击、升降设备故障、架体坠落、架体倾覆事故。

触电事故发生，将导致电器设备损坏或人员伤害；升降设备故障可导致设备损坏单一事故或设备损坏与人员伤害并存；其他事故与前述基本相同。

应急处置方案：根据实际发生情况，参照上述救护方法予以救护。

3. 架体使用中施工作业生产安全的应急处置

在架体使用工况下，通常易发生高处坠落、物体打击、架体悬臂损坏事故。其导致的结果主要表现为：单一的人员伤亡事故或架体变形事故；架体变形并伴随有人员伤亡事故。

应急处置方案：根据实际发生情况，参照上述救护方法予以救护。

四、滑升模板施工作业现场的危险源辨识

（一）安装与拆卸过程危险源辨识

1. 引发高处坠落事故的危险因素

主要是：（1）高处作业未正确佩戴、使用安全带；（2）高处作业时，操作人员没有站立在稳定可靠的平台；（3）作业面孔洞、临边未作防护，作业人员精力不集中；（4）高处作业人员违反操作规范和工艺流程；（5）大风、大雨、浓雾等极端恶劣天气继续作业。

2. 引发物体打击事故的危险因素

主要是：（1）违章进入具有高处落物区域；（2）在无任何有效保障措施下进行交叉作业；（3）高处作业人员作业不认真，滑落工具；（4）作业面随意放置小构件、物料及垃圾未及时清理；（5）违章操作或物料堆放不当，引发物料掉落。

3. 引发起重伤害事故的危险因素

主要是：（1）违章操作起重设备；（2）起重设备带病使用；（3）起重设备无专人管理；（4）起重设备未经常进行检查及维护保养；（5）起重设备操作人员与信号指挥人员间信息联络不畅。

4. 引发架体倾覆事故的危险因素

主要是：（1）架体安装期间未及时安装防倾覆装置，防倾覆装置设置或安装不符合规范要求；（2）安装防倾覆装置处的结构不能满足荷载要求；（3）架体未及时与结构进行可靠拉结；（4）吊运其他物料时刮碰架体。

（二）使用过程危险源辨识

1. 引发高处坠落事故的危险因素

主要是：（1）架体空洞、临边防护设施缺失；（2）作业人员擅自拆除安全防护设施作业；（3）作业人员在可能发生坠落的部位作业时，未正确佩戴使用安全带。

2. 引发物体打击事故的危险因素

主要是：（1）架体（操作层、底部）与结构间空隙未进行有效防护；（2）操作层作业人员与操作层以下其他人员交叉作业；（3）架体上物料、混凝土块、垃圾未及时清理；（4）作业人员出现"三违"行为。

3. 引发架体坠落事故的危险因素

主要是：（1）架体使用中承力装置未按要求数量安装或安装质量不符合要求，导致架体荷载无法有效传达至结构；（2）架体未按要求设置防止坠落装置；（3）架体防坠落装置故障未及时修复或人为失效；（4）架体附着装置安装处、承力装置安装处、防坠落装置承力点安装处的结构承载力，不能满足架体荷载要求。

4. 引发架体倾覆事故的危险因素

主要是：（1）架体升（降）完毕未及时安装防倾覆装置，防倾覆装置设置或安装不符合规范要求；（2）安装防倾覆装置处的结构不能满足荷载要求；（3）架体悬臂超过规范要求；（4）吊运施工物料时，刮碰架体悬臂部分。

（三）施工现场环境危险源辨识

1. 设备维修油污对环境的危害

主要原因是：（1）设备密封不严，发生跑、冒、滴、漏现象。（2）维修、保养使用的擦拭布未放置专用垃圾箱及垃圾未专门处理。其造成的危害主要是：污染工作环境；如果长时间未治理将造成更大的区域被污染甚至造成自然环境的破坏；改变被污染区域的安全状态，极易引发人员摔跌等事故。

2. 施工现场噪声危险源

在人员密集的地方，如果施工设备噪声超过环境噪声标准，就会影响周边居民的日常生活，对长期作业人员也会导致职业病。

3. 尘土对人身的危害

工地尘土飞扬至空气中，如果人体吸入会影响健康，长时间在此环境下作业将会引发职业病。

（四）设备自身危险源辨识

1. 引发设备损坏的危险因素

主要是：（1）人员违章操作；（2）设备润滑油缺失情况下继续使用；（3）设备使用环境不当；（4）设备运转状态下无人看护，设备被异物卡阻，设备直线运动的构件达到极限值未被及时发现；（5）设备的安全保护装置缺失或失灵。

2. 引发设备变形的危险因素

主要是：（1）设备超负荷使用；（2）设备运转状态下无人看护，设备直线运动的构件达到极限状态；（3）设备安全防护装置缺失或失灵。

五、滑升模板的安全操作要求

（一）施工作业前期准备的安全注意事项

1. 人的因素

主要是：（1）操作人员接受安全教育和安全技术交底；（2）特种作业人员必须持有效特种作业操作证；（3）按规定设置安全管理机构和配置专职安全管理人员。

2. 物的因素

主要是：（1）所有进场设备、构件质量合格，并有质量证明文件资料；（2）设备、构件堆放得当，堆放平稳，不被压坏；（3）设备、构件使用正确；（4）购置合格且与工作相适应的劳动保护用品。

3. 环境因素

主要是：（1）大风、暴雨、大雪、高温、低温等特殊气候条件下操作，需要采取避让或有效的防护措施；（2）夜间作业时，必须有满足正常施工的照明条件。

（二）施工作业过程的安全操作要求

施工作业过程中，需要满足如下安全操作要求：（1）作业人员严格按照安全操作规程作业；（2）作业人员严格按照要求，正确佩戴与所从事的工作相匹配的劳动保护用品；（3）架体升降时，作业人员不得在架体或架体底部及架体临边进行作业；（4）遇大风、暴雨、大雪等恶劣天气时，应及时采取有效加固措施后停止作业；（5）吊装作业中，塔吊司机与信号工之间的沟通联络必须通畅有效，所使用的信号工具可靠有效；（6）作业中检查安全防护装置是否灵活有效，严禁人为将防护装置失效。

（三）施工作业完成后的安全注意事项

施工作业完成后，应当注意如下事项：（1）及时按规范要求安装附着装置；（2）及时恢复架体与结构间、架体分组间及其他特殊部位孔洞的防护及临边防护；（3）经常检查影响架体安全的构件、配件是否被拆除或破坏，如有丢失或破坏，应立即向相关领导报告并采取措施予以完善；（4）不得随意扩大使用范围，架体上的施工荷载应符合设计规定，不得超载，不得放置影响局部杆件安全的集中荷载；（5）滑升模板在使用过程中，不得进行下列作业（参照附着式升降脚手使用中的相关要求）：1）利用架体吊运物料；2）在架体上拉结吊装缆绳或缆索；3）在架体上推车；4）任意拆除结构件或松动连接件；5）拆除或移动架体上的安全防护设施；6）利用架体支撑模板或卸料平台；7）其他影响架体安全的作业。

六、滑升模板施工作业现场的安全风险防控

（一）施工作业现场的风险防控

1. 安装与拆卸的安全风险防控

主要是：（1）作业前操作人员必须经过安全教育培训，接受安全技术交底；（2）避免交叉作业，确实无法避免的特殊情况须有可靠的防范设施；（3）作业中有专职安全管理人员监督，杜绝发生"三违"行为；（4）作业现场的地面10m外设置警戒区、警示牌，并派专人看护，禁止人员进入；（5）按要求做好架体与结构附着和架体与结构间的拉结；（6）随架体施工进度做好架体与结构间、架体分组间的临边防护；（7）五级以上大风、大雨、大雪等恶劣天气时应避免架体作业，正常气候条件下，作业时作业人员须正确佩戴和使用劳动保护用品；（8）对塔吊等起重设备，应检查无故障；（9）各操作人员均严格按照相关的操作规程进行作业，严禁野蛮施工。

2. 升降过程的安全风险防控

主要是：（1）作业前操作人员必须经过安全教育培训，接受安全技术交底；（2）架体底部的地面10m外设置警戒区、警示牌并派专人看护，禁止人员进入；（3）作业中有专职安全管理人员监督，杜绝发生"三违"行为；（4）升降中作业人员严禁上架，严禁在架体临边作业；（5）五级以上（含五级）大风、大雨、大雪等恶劣天气应避免架体作业，正常气候条件下作业时，作业人员须正确佩戴和使用劳动保护用品；（6）升降过程中操作人员必须认真负责，发现异常须排除后方可继续；（7）架体上物料、垃圾已清理干净，影响架体升降的杆件等已清除。

3. 施工作业人员的安全风险防控

主要是：（1）作业人员正确佩戴使用和安全防护用品；（2）作业人员在作业过程中严格按照操作规程及安全交底进行；（3）作业过程中精力高度集中；（4）作业过程中有专职安全管理人员旁站监督，及时制止、纠正或提醒违规人员，确保做到"三不伤害"。

4. 施工作业现场管理的安全风险防控

主要是：（1）施工单位、使用单位等自控主体单位，须设置安全管理机构和专职安全管理人员依据签署的安全责任协议，各自履行作业过程的安全管理；（2）总包单位、监理单位等监控主体单位，须按照国家相关规定履行各自的监管职责，发现事故隐患及时督促相关责任单位和人员进行有效消除。

（二）施工作业现场生产安全的应急处置

1. 安装与拆卸生产安全的应急处置

在架体安装和拆卸的工况下，通常易发生高处坠落、物体打击、架体坠落、架体倾覆、起重伤害等事故。

高处坠落事故、物体打击事故导致的结果，主要是人员伤害，设备、构件损坏较小甚至没有损坏；架体倾覆和架体坠落事故导致的结果，主要表现为架体较大变形甚至达到无法修复性变形，可能还会伴随有人员伤亡；起重伤害事故导致的结果，主要表现为单一的人员伤害或设备损坏，以及人员伤害与起重设备损坏同时并存。

应急处置方案：发现的人员立即向项目负责人报告，项目负责人接到报告后初步判断事故严重程度，启动相应级别的救援预案。对于单一设备损坏情况，应查勘现场并分析，如果损坏较轻，不采取特殊处理措施，可安排专业人员予以更换排除即可；当损坏较重时，应立即采取加固等有效措施防止损失扩大，由技术部门制定专门的处置措施并严格执行。

对于人员受伤的处置：救援人员首先应判断伤者情况，迅速将伤员转移脱离危险场地，送至安全地带施救。如果伤者神志清醒但有出血现象，应即进行止血、包扎后送医院治疗，如伴随骨折等情况须做好骨折部位的固定，送医院或等到医院救护人员到来。如果伤者昏迷，须立即采取人工呼吸、心肺复苏并拨打急救电话120。拨打电话时要尽量说明伤情和已经采取了什么措施，以便让救护人员事先做好急救的准备；讲清楚伤者（事故）发生在什么地方，说明报救者单位、姓名（或事故地）的电话或手机号码，以便救护车找不到地方时，随时通过电话联系；打完报救电话后，应询问接报人员还有什么问题不清楚，如无问题才能挂断电话。通完电话后，应派人在现场外等候接应救援车辆，并派人把进入现场路上障碍及时清除，以利救援车辆能及时到位施救。

2. 升降过程中生产安全的应急处置

在架体升降工况下，通常易发生触电、高处坠落、物体打击、升降设备故障、架体坠落、架体倾覆事故。应急处置方案：根据实际发生情况，参照前述救护方法予以救护。

3. 架体使用中施工作业生产安全的应急处置

在架体使用工况下，通常易发生高处坠落、物体打击、架体悬臂损坏事故。应急处置方案：根据实际发生情况，参照前述救护方法予以救护。

第六节　爬升模板和滑升模板的施工现场
日常检查与维修保养

一、爬升模板日常检查的内容和方法

（一）支撑架检查的主要内容和方法

1. 支撑架检查的主要内容

主要是：（1）各焊接点是否有开焊，螺栓连接点的螺栓是否变形或松动；（2）主构件的各杆件是否有变形和损伤；（3）主构架水平度、垂直度是否有明显偏差。

2. 检查方法

主要采取观察、尺量的方法。

（二）附着装置检查的主要内容和方法

1. 附着装置检查的主要内容

主要是：（1）附着装置的数量、安装方式是否符合规范要求；（2）附着装置与结构及架体之间的连接是否符合要求；（3）附着装置承传力是否有效；（4）附着装置安装处结构的强度是否符合要求。

2. 检查方法

主要是观察、查询相关资料。比如，附着处混凝土强度是否符合要求，可通过查询混凝土的试验报告获知。

（三）导轨检查的主要内容和方法

1. 检查的主要内容

主要是：（1）导轨是否明显变形；（2）导轨的焊缝是否开裂；（3）导轨的防污染措施是否有效，导轨上的污染物是否被及时清理；（4）导轨是否刷油润滑。

2. 检查方法

主要是观察、尺量。

（四）升降装置及控制系统检查的主要内容和方法

1. 升降装置检查的主要内容

主要是：（1）升降装置中的上下承力构件是否可靠；（2）升降装置中动力设备是否正常（如电动葫芦电机是否正常，是否有翻链、卡链、链条损伤等异常现象；液压设备中的油泵是否正常，油管及连接点是否破裂漏油等）；（3）承担升降过程中架体荷载的主体结构承载力是否满足要求。

检查方法：主要是观察、查询相关检测资料。

2. 控制系统检查的主要内容和方法

主要是：（1）控制开关是否完好，接触是否良好；（2）连接的控制线路是否破损，接头是否有松动。

检查方法：主要是观察、现场测试。

（五）模板检查的主要内容和方法

1. 主要检查内容

主要是：（1）检查模板接缝是否严密；（2）检查模板是否翘曲变形，平整度是否在允许范围内；（3）模板的背楞是否变形和缺失；（4）模板表面每次是否清理干净并刷隔离剂；（5）模板的连接件数量、规格、安装是否符合设计要求。

2. 检查方法

主要是观察、尺量。

（六）作业架体检查的主要内容和方法

1. 主要检查内容

主要是：（1）架体整体是否有变形，各杆件是否变形；（2）架体各节点连接螺栓或扣件是否缺失、损坏；（3）架体脚手板铺设是否有空洞，固定是否牢靠；（4）脚手架分断处、架体与结构的临边防护是否齐全有效。

2. 检查方法

主要是观察。

二、爬升模板维修保养的注意事项

（一）支撑架维修保养的注意事项

支撑架的维修保养，主要应注意如下事项：（1）连接点焊缝开裂、连接螺栓缺失的，予以补焊或更换、补齐缺失的螺栓；（2）各连接点螺栓外露部位无防护措施的，加设防护措施，对丝扣刷油保养；（3）支撑架杆件变形轻微的应予以调直，严重的应予以加固或更换。

（二）附着装置维修保养的注意事项

附着装置的维修保养，应注意如下事项：（1）附着装置各构件如有变形、损坏或缺失，对轻微变形的予以修复，损坏严重的予以更换、缺失的予以补齐；（2）附着装置防污染措施缺失的应予以补齐，损坏的应予以修复，并清理干净污染物；（3）附着装置应转动的构件如不转动，应对该构件进行修复并加注润滑油，确保转动灵活；（4）固定附着装置的螺栓组件变形轻微的应予以调直，变形严重的可切短使用，无法切短使用的应予以报废，无法修复的应予以更换；（5）固定附着装置的螺栓丝扣被污染或损坏缺润滑的，应清理干净污染物，丝扣损伤轻微的应予以修复并刷油保养，丝扣损坏严重的应予以报废。

（三）导轨维修保养的注意事项

导轨的维修保养，应该注意如下事项：（1）导轨连接点焊缝开焊的应予以补焊或加固，连接螺栓如损坏或缺失，轻微变形的应予以修复，损坏严重的应予以更换，缺失的应予以补齐；（2）导轨弯曲变形，通直度、垂直度超标的，应予以调直并加固；（3）导轨缺失油润滑的，指定专人进行检查并刷油保养；（4）与导轨配合共同运转的其他构件间有刮卡，如间隙超过允许偏差值的，将有问题的构件予以更换并加注润滑油保养。

（四）升降装置及控制系统维修保养的注意事项

升降装置及控制系统的维修保养，应注意如下事项：（1）升降装置的电器防护措施缺失的应予以补齐，损坏的应予以修复；（2）升降装置系统电器线路出现破损的应予以包扎，开关触点接触不良的应予以修复，无法修复的应予以更换，漏电保护开关失灵的应予以更换；（3）升降装置中直线运动的构件（如电动葫芦链条、液压杆等）缺油润滑的应加注润滑油保养，构件运转不灵活的应予以修复并加注润滑油，因异物卡阻的应清除异物，并检查构件是否损伤，损伤的予以修复或更换；（4）升降装置中各承力构件（如电动葫芦的上、下钩，液压装置的顶杆、底座等）有变形、损坏、连接不牢靠的，如轻微变形予以修复，严重变形或损坏以及连接不牢的应予以更换；（5）升降装置中刹车等制动构件有变形或表面有油污等影响制动有效性的，轻微变形的应予以修复，严重变形的应予以更换，并清理干净表面油污等影响物；（6）维护作业人员应严格遵守操作规程，作业时按要求佩戴劳动保护用品；（7）严禁设备运转时进行保养，严禁用手代替工具进行保养。

（五）模板维修保养的注意事项

模板的维修保养，应注意如下事项：（1）模板必须放置稳固，方可进行维护保养；（2）清理时严禁采用铁锤敲击的方法；（3）维护保养时严禁攀爬模板；（4）维护保养时，对模板、桁架、钢楞、立柱应该逐块、逐榀、逐根进行检查，发现有翘曲、变形、扭曲、开焊等必须修理完善；（5）修整后的钢模、桁架、钢楞、立柱，应该刷防锈漆；（6）模板及配件使用后必须进行严格清理检查，已损坏断裂的应剔除，不能修复的应报废。螺栓的螺纹部分应整修上油，并分别按规格分类装在箱笼内备用。

（六）作业架体维修保养的注意事项

作业架体的维修保养，应注意如下事项：（1）作业人员应严格遵守安全操作规程；（2）更换变形、损坏的构件时，应先采取加固措施，拆一处更换一处，逐一完成；（3）对于问题较为严重的，须经技术部门制定专门的整改方案，并严格按方案操作。

三、滑升模板日常检查的内容和方法

（一）支撑架检查的主要内容和方法

1. 主要检查内容

主要是：（1）连接点焊缝是否开焊，连接螺栓是否齐全有效；（2）各连接点螺栓外露的丝扣，是否有防护措施并刷油保养；（3）支撑架、围圈是否有变形。

2. 检查方法

主要是观察。

（二）支承杆、套管检查的主要内容和方法

1. 主要检查内容和方法

主要是：（1）支承杆与套管是否匹配（套管内径大于支承杆直径 2～5mm）；（2）支承杆的连接方式、连接效果是否与方案一致，并符合规范要求；（3）支承杆、套管的垂直度是否在允许偏差内；（4）支承杆套管下端是否与模板底平；（5）支承杆套管的上端是否与提升架横梁的底部固定。

2. 检查方法

主要是观察、尺量。

（三）升降装置及控制系统检查的主要内容和方法

1. 升降装置检查的主要内容

主要是：（1）升降装置中的上下承力构件是否可靠；（2）升降装置中动力设备是否正常（液压设备中的油泵、油缸是否正常，油管及连接点是否漏油、破裂等）。

检查方法主要是观察、查询相关检测资料。

2. 控制系统检查的主要内容和方法

主要检查内容是：（1）换向阀、溢流阀、分油器等能量控制装置是否完好无损，连接点是否存在跑冒滴漏现象；（2）电动机、高压泵等能量转换装置是否完好无损；（3）电动机的供电线路、控制线路是否破损，接头是否有松动。

检查方法主要是观察、现场测试。

（四）模板检查的主要内容和方法

主要检查内容是：（1）检查模板接缝是否严密；（2）检查模板是否翘曲变形，平整度是否在允许范围内；（3）模板的背楞是否变形和缺失；（4）模板表面每次是否清理干净并刷隔离剂；（5）模板的连接件数量、规格、安装是否符合设计要求。

检查方法主要是观察、尺量。

（五）作业架体检查的主要内容和方法

主要检查内容是：（1）围圈、提升架、桁架、外操作平台的支架整体是否有变形，各杆件是否变形；（2）架体各节点连接螺栓或扣件是否缺失或损坏；（3）外操作平台铺板是否有空洞，固定是否牢靠；（4）外操作平台分断处、平台与结构的临边防护是否齐全有效。

检查方法主要是观察。

四、滑升模板维修保养的注意事项

（一）支撑架维修保养的注意事项

支撑架的维修保养，应该注意如下事项：（1）连接点焊缝是否开焊，连接螺栓是否齐全有效，如有开焊部位应予以补焊或加固处理；（2）各连接点螺栓外露的丝扣是否有防护措施并刷油保养；（3）支撑架变形的杆件应予以加固或更换。

（二）支承杆维修保养的注意事项

支承杆的维修保养，应注意以下事项：（1）支承杆上如有油污应及时清除干净；（2）对采用平头对接、榫接或丝扣接头的非工具式支承杆，当千斤顶通过接头部位后，应及时对接头进行焊接加固；（3）对因支承杆失稳、被千斤顶带起或弯曲等情况时，应立即进行加固处理。

（三）升降装置及控制系统维修保养的注意事项

升降装置及控制系统的维修保养，应注意如下事项：（1）升降装置中的上下承力构件发生变形或损坏的，应予以加固或更换；（2）升降装置中动力设备（检查液压设备中的油泵、油缸是否正常，油管及连接点是否漏油、破裂等）接口漏油的，应予以更换密封垫等予以修复，破裂的油管予以更换；（3）换向阀、溢流阀等阀门关闭不严的应予以更换，各连接点存在跑冒滴漏现象的应予以维修；（4）电动机等传动机械线路故障的应进行修复，电机烧坏的应予以更换；（5）电器控制开关接头松动的应予以压紧，触头接触不良的应予以修复或更换；（6）维护保养过程中应严格按照操作规程作业，严禁设备运转时进行维护保养作业，严禁直接用手代替工具作业。

（四）模板维修保养的注意事项

模板的维修保养，应注意如下事项：（1）模板必须放置稳固，方可进行维护保养；（2）清理时严禁采用铁锤敲击的方法；（3）维护保养时，严禁攀爬模板；（4）维护保养时，对模板、桁架、钢楞、立柱应该逐块、逐榀、逐根进行检查，发现翘曲、扭曲、变形、开焊等必须修理完善；（5）对修整后的钢模、桁架、钢楞、立柱，应该刷防锈漆；（6）模板及配件使用后必须进行严格清理检查，已损坏断裂的应剔除，不能修复的应报废，螺栓的螺纹部分应整修上油，并分别按规格分类装在箱笼内备用；（7）发现垂直偏差较大时要查明原因，可通过平台倾斜调整法、施加外力调整法等进行纠偏。

（五）作业架体维修保养的注意事项

作业架体的维修保养，应注意如下事项：（1）作业人员应严格遵守安全操作规程；（2）更换变形、损坏的构件时，应先采取加固措施，拆一处更换一处，逐一完成；（3）对于问题较为严重的，须经技术部门制定专门的整改方案，并严格按方案操作。

第四章　升降式物料平台

第一节　概　　述

一、升降式物料平台的基本概念

升降式物料平台（图 4-1-1）是一种附着在建筑结构上，设有防坠落、防倾覆等装置，通过自带动力实现整体逐层升降，可用于物料转运的定型工具式设备。该设备可固定在建筑物楼层用于承载物料，也可单独带料升降进行物料上下转运。升降式物料平台主要用于工业与民用建筑的施工材料临时转运。

二、升降式物料平台的基本构造原理

（一）升降式物料平台的常见种类

按自动化方式可分为：（1）自爬式升降物料平台；（2）非自爬式升降物料平台。

按升降动力装置可分为：（1）倒挂电动葫芦式升降物料平台；（2）正挂电动葫芦式升降物料平台；（3）钢丝绳电动葫芦（卷扬机）式升降物料平台；（4）电动机式升降物料平台；（5）液压式升降物料平台。

（二）升降式物料平台的基本构造及原理

升降式物料平台，由导轨框架、物料平台、底部平台、防倾覆装置、防坠落装置、上吊挂点、下吊挂点及升降动力装置等组件组成；通过动力装置牵引，随建筑物楼层上升或下降。

1. 基本构造（图 4-1-2）

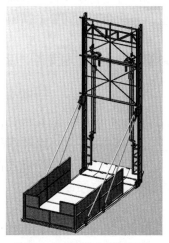

图 4-1-1　升降式物料平台

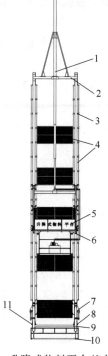

图 4-1-2　升降式物料平台基本构造图

1—升降动力装置；2—顶部连梁；3—导轨框架；4—防护装置；5—物料平台；6—上吊挂点；7—防坠落装置；8—下吊挂点；9—底部连梁；10—底部平台；11—防倾覆装置

（1）导轨框架组件分为导轨、顶部连梁、中间连梁、底部连梁。

（2）物料平台分为平台主体、平台挡板、平台支撑。

（3）底部平台分为底部主体、底部拉杆、底部围栏。

（4）防坠落装置、防倾覆装置，由内齿转轮、防坠座、防倾结构、附墙固定座、主轴、滑块等组成。

2. 升降动力装置

（1）倒挂电动葫芦升降物料平台主要是倒挂电动葫芦、上吊挂点、下吊挂点等。

（2）正挂电动葫芦式升降物料平台主要是电动葫芦、上吊挂点、下吊挂点、滑轮装置等。

（3）钢绳电动葫芦（卷扬机）式升降物料平台主要是钢绳电动葫芦（卷扬机）、导向滑轮、顶部连梁。

（4）电机齿轮齿条式升降物料平台主要是三相电动机、齿轮、齿条、转轴、顶部连梁、底部连梁等。

（5）液压式升降物料平台主要是液压系统、顶部连梁、底部连梁等。

第二节　升降物料平台进场查验的主要内容

一、相关资料的进场查验

升降物料平台所用材料应提供以下材料

主要应查验：（1）升降式物料平台出厂合格证书。（2）升降式物料平台材质单及企业标准。（3）使用说明。（4）上岗人员都要有相应的特殊工种操作证。

二、主要零部件的进场查验

（一）主要部件

1. 防坠落装置（图4-2-1）

主要应查验：（1）防坠落装置应有出厂前检验检测的合格证明文件，其结构工作灵活，并做好相关记录。（2）防坠落装置应具有防尘、防污染的措施。

2. 防倾覆装置

主要应查验：（1）防倾覆装置应有出厂前检验检测的合格证明文件，进场查验其结构工作灵活，检验并做好相关记录。（2）防倾覆装置应具有防尘、防污染的措施。

3. 超载报警装置（图4-2-2）

主要应查验：（1）超载报警装置应有出厂前检验检测的合格证明文件。（2）升降式物料平台应有超载报警和自动停止保护功能。

（二）主要结构件（图4-2-3）

主要应查验：（1）物料平台长度不应大于4.5m，宽度不应大于3m；（2）直线布置的平台支承跨度不应大于3m；（3）导轨框架间距不应大于3.5m；（4）物料平台施工重心悬挑距离不应超过3m；（5）升降式物料平台承载不应超过20kN；（6）升降式物料平台升降速度不应超过2m/min；（7）升降式物料平台必须有防坠、防倾覆装置；（8）导轨框架施工悬挑高度不应超过9m。

（三）主要配套件

主要应查验：（1）升降式物料平台处的楼层必须有安全防护装置；（2）物料平台侧挡板

（拦）高度不应低于 1.2m；（3）升降式物料平台的构件连接必须保证牢固可靠，并有防松、防脱的结构；（4）电源、电缆及控制柜等的设置，应符合用电安全的有关规定；（5）升降动力设备工作正常；（6）同步及荷载控制系统的设置和使用效果符合设计要求；（7）各种安全防护设施齐备，并符合设计要求；（8）同时使用的升降动力设备、同步与荷载控制系统及防坠落装置 等专项设备，应分别采用同一厂家、同一规格型号的产品；（9）动力设备、控制设备、防坠落装置等，应有防雨、防砸、防尘等措施；（10）其他需要检查的项目。

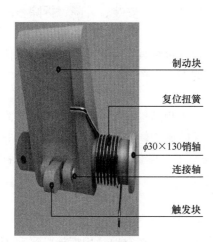

图 4-2-1　防坠落装置

制动块
复位扭簧
$\phi 30 \times 130$ 销轴
连接轴
触发块

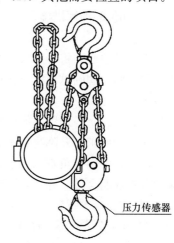

图 4-2-2　超载报警装置

压力传感器

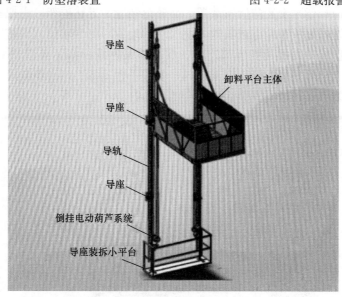

导座
卸料平台主体
导座
导轨
导座
倒挂电动葫芦系统
导座装拆小平台

图 4-2-3　升降式物料平台构成

第三节　升降物料平台施工现场的安装和拆卸

一、升降物料平台的安装基本程序

（一）安装前的准备工作

1. 编制专项施工方案和安全技术交底

升降式物料平台安装前，应根据工程结构、作业环境等特点编制专项施工方案，并经总承包单位技术负责人审批、项目总监理工程师审核后实施。在安装作业前，应由技术负责人按照相关部门和人员审核审批后的专项方案，对相关操作人员进行安全技术交底，并留存双方签字的书面文件。

（1）专项施工方案。主要应包括下列内容：1）工程特点；2）平面布置图；3）安全措施；4）特殊部位的加固措施；5）工程结构受力核算；6）安装、升降、拆除程序及措施；7）使用规定。

（2）总承包单位必须将升降式物料平台专业工程发包给具有相应资质的专业队伍，并签订专业承包合同，明确总包、分包或租赁等各方的安全生产责任。

2. 安装前的检查

主要是检查：（1）各预留孔洞的位置是否正确，工程结构混凝土强度是否达到附着支承对其附加荷载的要求，升降物料平台上升方向有无阻碍物体存在；（2）各部件的完整性及合格情况；（3）各岗位负责人员已落实；（4）安装工具设备及劳保用品应是合格产品，具有相应的合格证明文件，并在合理的使用期限内。

（二）安装作业基本程序

1. 基本结构的安装步骤（图 4-3-1）

安装步骤主要是：（1）组装物料平台，将平台主体平放在空地，用螺栓将平台挡栏固定在平台主体三面；（2）安装防倾覆装置、防坠落装置、导轨框架，先把一个以上防坠落装置、防倾覆装置排好放在地上或其他方便安装的地方，将导轨插入到防坠落装置、防倾覆装置，摆放好位置后用螺栓把顶部连梁、底部连梁连好；（3）连接物料平台与导轨框架，将物料平台立起后安装在导轨框架；（4）安装平台支撑；（5）组装底部平台；（6）安装底部平台与导轨框架；（7）安装底部平台的斜拉杆。

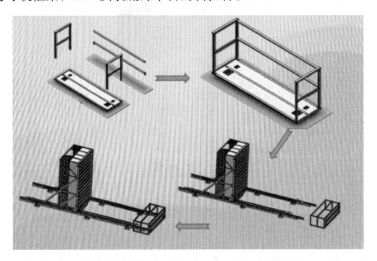

图 4-3-1　升降式物料平台的安装步骤

2. 吊装的基本步骤（图 4-3-2）

基本步骤是：（1）确定升降式物料平台的吊点；（2）升降式物料平台整体吊装；

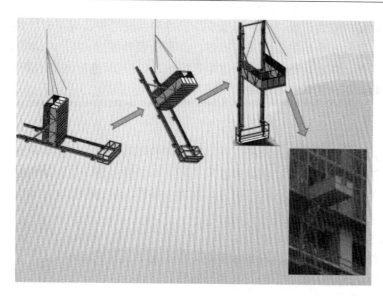

图 4-3-2　吊装的基本步骤

（3）固定相关部件。

3. 安装验收的步骤

主要是：（1）验收附着支座和升降装置处的连接；（2）验收防坠落装置的可靠性；（3）验收防倾覆装置的可靠性；（4）验收相关人员的特殊工种操作证书；（5）验收电线电路和开关箱是否符合《施工现场临时用电安全技术规范》（JGJ 46—2005）要求。

（三）安装后的自检与调试

主要是：（1）相邻导轨框架的两侧高差应不大于 20mm；（2）竖向防坠落装置 和防倾覆装置 的垂直偏差应不大于 5%，且不得大于 5mm；（3）预留穿墙螺栓孔和预埋件应垂直于建筑结构外表面，其中心误差应小于 15mm；（4）连接处所需要的结构混凝土强度应由计算确定，且不得小于 C20；（5）升降机构连接应正确且牢固可靠；（6）安全控制系统的设置和试运行效果符合设计要求；（7）升降动力设备工作正常；（8）试验防坠落装置安装正确，确保防坠落装置 能可靠起到安全防坠作用；（9）检查防倾覆装置加工是否合格与安装是否正确，是否可起到防倾覆作用。

二、升降物料平台的安装安全技术措施及注意事项

（一）悬挂机构安装安全技术措施及注意事项

主要是：（1）相邻导轨框架的两侧高差应不大于 20 mm；（2）竖向防坠落装置和防倾覆装置的垂直偏差应不大于 5%，且不得大于 5mm；（3）预留穿墙螺栓孔和预埋件应垂直于建筑结构外表面，其中心误差应小于 15 mm；（4）连接处所需要的结构混凝土强度应由计算确定，且不得小于 C20。

（二）悬吊平台及相关部件安装安全技术措施及注意事项

主要是：（1）升降机构连接应正确，且牢固可靠；（2）安全控制系统的设置和试运行效果符合设计要求；（3）升降动力设备工作正常；（4）工程结构混凝土强度应达到附着支承对其附加荷载的要求；（5）全部附着支承点的安装符合设计规定，严禁少装附着固定连接螺栓和使用不合格螺栓；（6）电源、电缆及控制柜等安装应符合用电安全的有关规定；

（7）升降动力设备应安装正确；（8）同步及荷载控制系统的安装应正确，试运行效果符合设计要求；（9）各种安全防护设施安装齐备，并符合设计要求；（10）动力设备、控制设备、防坠落装置等，应有防雨、防砸、防尘等措施；（11）其他应注意的事项。

三、升降物料平台的拆卸基本程序

（一）拆卸前的准备工作

1. 编制专项施工方案和安全技术交底

升降式物料平台拆卸前，应根据工程结构、作业环境等特点编制专项施工方案，并应经总承包单位技术负责人审批、项目总监理工程师审核后实施。在拆卸作业前，应由技术负责人按照相关部门审核审批后的专项方案对相关操作人员进行安全技术交底，并留存双方签字的书面文件。

2. 专业工程发包要求

总承包单位必须将升降式物料平台专业工程发包给具有相应资质的专业队伍，并应签订专业承包合同，明确拆卸各方的安全生产责任。

3. 拆卸前的检查

主要是：（1）升降物料平台下降方向有没有阻碍物体存在，相关连接螺栓已经拆除；（2）检查各部件完整性和合格情况；（3）各岗位施工人员已落实；（4）安装工具设备及劳保用品应是合格产品，具有相应的合格证明文件。

（二）拆卸作业的主要步骤

升降式物料平台的拆除工作，应按专项施工方案及安全操作规程的有关要求进行，并对拆除作业人员进行安全技术交底。拆除时，应有可靠的防止人员与物料坠落的措施，在拆除作业施工现场设置警戒区域并有人巡视监管。拆除作业应在白天进行。遇五级及以上大风、大雨、大雪、浓雾、雷雨等恶劣天气时，不得进行拆卸作业。出现不可抗力（包括战争、地震、山洪暴发、海啸等）时，不得进行拆卸作业。

拆除的材料及设备不得抛扔，应统一分区收集管理：（1）对报废可回收的，收集在可回收区；（2）对报废不可回收的，收集在不可回收区；（3）对给环境带来有污染的油脂等物件，要妥善收集在危险品回收区；（4）对可再利用的良好配件，收集在良好配件区，并妥善保护好。

第四节　升降式物料平台的施工作业安全管理

一、升降式物料平台施工作业现场的危险源辨识

主要是：（1）升降式物料平台不得与附着式升降脚手架相连，其荷载应直接传递给建筑工程结构。（2）导轨框架所覆盖的每一楼层处，应设置各一道防倾覆装置。（3）防倾覆装置采用高强螺栓与建筑物连接，受拉螺栓的螺母不得少于二个或采用弹簧垫片加单螺母，螺杆露出螺母端部的长度不应少于3扣，且不得小于10mm；垫板尺寸应由设计确定，且不得小于100mm×100mm×10mm。（4）导轨框架所覆盖的每一楼层处，应各设置一道防坠落装置。（5）防坠落装置应采用锚固螺栓与建筑物连接，受拉螺栓的螺母不得少于二个或采用弹簧垫片加单螺母，螺杆露出螺母端部的长度不应少于3扣，且不得小于10mm；垫板尺寸应由设计确定，且不得小于100mm×100mm×10mm。（6）确保升降式

物料平台施工作业安全，应在每一层楼面设置防护装置或其他安全防护。

二、升降式物料平台安装的安全操作规程

升降式物料平台每次升降前，应按规定进行检查，经检查合格后方可进行升降。

升降式物料平台的升降操作应符合下列规定：（1）按升降作业程序和操作规程进行作业；（2）操作人员不得停留在架体上；（3）所有妨碍升降的障碍物已拆除；（4）所有影响升降作业的约束须拆开；（5）升降时总荷载不允许超过设计值。

升降控制过程中应符合下列规定：（1）实行统一指挥、规范指令；（2）升、降指令只能由专项负责人指挥下达；（3）当有异常情况出现时，任何人均有义务立即发出停止指令。

三、升降式物料平台施工作业现场的安全风险防控

重点是：（1）施工作业时不能超过规定的施工荷载。（2）物料平台升降到位后，应及时按使用状况要求进行附着固定；在没有完成物料平台固定工作前，施工人员不得擅自离岗或下班。（3）当采用环链葫芦作升降动力时，应严密监视其运行情况，及时排除翻链、铰链和其他影响正常运行的故障。（4）当采用倒挂葫芦作升降动力或双升降动力时，应严密监视其同步运行情况，及时排除不同步的故障。（5）当采用液压设备作升降动力时，应排除液压系统的泄漏、失压、颤动、油缸爬行和动力不足等故障，确保正常工作。（6）当采用异步电机、齿轮、齿条升降时，应严密监视其运行情况，及时排除齿轮与齿条咬合故障，错开宽度不允许超过设计值总宽度的1/6。（7）当采用钢丝绳葫芦作升降动力时，应严密监视其运行情况，并及时排除可能产生钢丝绳断丝断股的情况，保证钢丝绳正常收放。（8）遇五级及以上大风、大雨、大雪、浓雾、雷雨等恶劣天气时，不得进行作业。（9）出现不可抗力（包括战争、地震、山洪暴发、海啸等）时，不得进行作业。

第五节　升降式物料平台的施工现场日常检查和维修保养

一、升降式物料平台日常检查的内容

主要是：（1）平台支撑与导轨框架和平台支撑的连接处；（2）连梁与导轨的连接处；（3）防坠落装置、防倾覆装置与导轨框架的连接处；（4）升降装置与升降式物料平台的连接处；（5）平台挡板与平台主体的连接处；（6）底部平台与导轨的连接处；（7）检查各限位装置是否灵敏完好，有无异常现象；（8）检查防坠器可靠性及附墙装置的稳定性；（9）检查电器、传感器及监控元件是否良好。

螺栓连接件、升降动力装置、防倾覆装置、防坠落装置、超载报警装置、同步控制装置等，应每月进行一次维护保养。

二、升降式物料平台维修保养的注意事项

主要是：（1）外观检查金属结构有无开焊、锈蚀、永久变形。（2）检查附墙支座、架体等连接的有无松动。（3）检查提升机构有无异常。（4）试验安全装置的可靠性。（5）维修主要金属结构时，其材质、焊缝质量均要符合原厂设计要求。

三、电气系统的日常维修保养

主要是：（1）升降式物料平台应设置专用开关箱，开关箱内应有短路、失压、过电流和漏电保护装置。（2）携带式控制装置应密封绝缘，回路电压不大于36V，其引线长度不

大于 5m。 （3）电气设备的绝缘电阻值必须大于 0.5Ω，运行中必须大于 $1000\Omega/V$。
（4）电气和电机对地绝缘电阻不小于 $0.5M\Omega$，电气线路对地的绝缘电阻不小于 $1M\Omega$。
（5）应做好接零（接地）保护，确保金属结构的电气连接。（6）电气部件应有防雨、防潮、防晒、通风。（7）升降式物料平台上下限位器、超载限制器应灵敏可靠。

四、升降式物料平台安装和拆卸过程中常见问题的处理

1. 安装过程中常见问题的处理

（1）平台挡栏安装孔与平台主体安装孔错位无法安装。出现这种情况时，不得强行安装，以免构件发生变形；应当调节平台主体的水平平整度，使平台挡栏安装孔与平台主体安装孔对齐，然后使用螺栓固定。（2）导轨插入防坠落装置、防倾覆装置时，导轨插入倾斜度过大，使导轨无法正常下滑。应当通过外力，对导轨插入的角度进行逐步调整，直到导轨插入的角度垂直向下即可。（3）物料平台水平度与导轨框架的垂直度不足，导致物料平台与导轨框架连接时连接工艺孔错位。应当先进行物料平台的调整，若不能达到效果，再进行竖向导轨的调整，或两者同时进行调整。

2. 拆卸过程中常见问题的处理

（1）拆除过程中如遇连接螺栓无法松动时，不得进行下一步操作。应当使用螺栓松动剂进行喷涂，10min 后再进行拆除。（2）使用塔吊或其他吊具时平台主体倾斜严重。应当松开塔吊或吊具的挂钩，将物料平台重新调整，选取合适的吊点重新起吊再精心拆除。（3）底部平台斜拉杆无法拆除时，不允许强行进行破坏拆除。应当进行逐步调整，使斜拉杆处于不受力状态再进行拆除。

第五章 升降式施工作业平台

第一节 概 述

一、升降式施工作业平台的发展概况

升降式施工作业平台（也称电动桥式脚手架）是一种大型自升降式高处作业平台。它是装饰装修脚手架技术发展到一定阶段的产物，是高度集成化、标准化、人性化的建筑施工机械。它可以载人、载物并沿建筑结构立面自由升降，并能停靠到任意高度位置进行安全施工作业。

随着建筑物高度越来越高，施工速度越来越快，升降式施工作业平台主要用于解决传统脚手架进行装饰装修时人工费越来越高、施工工效低以及脚手架材料质量不稳定等所带来的安全隐患问题。升降式施工作业平台在安装、使用时一般不需要预制基础，移动时只需拆除立柱和附墙装置，利用基座升降滚轮，可以很方便地更换作业场地。此外，同功能相近的脚手架相比，升降式施工作业平台具有结构合理、安全可靠、承载力大、操作简单、运行平稳、施工效率高等特点。

在国际上，升降式施工作业平台已经比较成熟，适用于各种高耸建筑物或构筑物，是一种比较先进的施工设备。其运行平稳、高效节能、环保和一机多用的特性，对于保证施工工期与安全，降低施工成本，减轻工人劳动强度等，都起着不可替代的作用。国外的升降式施工作业平台不仅应用于普通高层、超高层建筑物，也广泛应用于烟囱（图 5-1-1）、超高层异型建筑物（图 5-1-2）、水坝（图 5-1-3）等。

在国内，目前在建筑外立面施工普遍使用的各类脚手架，或多或少存在着使用材料

图 5-1-1 升降式施工作业平台在应用实例一

图 5-1-2 升降式施工作业平台应用实例二

111

图 5-1-3　升降式施工作业平台应用实例三

多、运输不方便、搭设时间长、作业面高度固定，不便于施工操作、不稳定等问题。随着建筑施工质量要求越来越高，建筑施工防护架体趋于设备化，建设行业的施工装备技术水平也亟待提高。升降式施工作业平台就是在这种环境下研发应用的。它可以较好地解决上述问题，受到了广大客户的认可，但目前的使用还不是很普遍。

从发展趋势看，我国的建筑业发展较快，但整体上依然存在着劳动生产率较低、技术装备较落后等问题。随着劳动力成本的不断提高和对施工环境的更高要求，对施工设备要求也会越来越高，升降式施工作业平台可以满足建设行业提高施工装备水平的市场要求，将会在越来越多的工程中得到应用。

二、升降式施工作业平台的常见种类及基本构造原理

（一）升降式施工作业平台常见种类

按照提升动力可分为：（1）齿轮齿条驱动系统：圆柱齿轮与安装于立柱上的齿条啮合驱动系统。（2）棘轮棘爪驱动系统：通过棘爪与附于导轨上的横档或其他部件的交互作用，使平台上升或下降的驱动系统。（3）螺杆驱动系统：由安装在平台上的齿形啮合件与安装在平台上的动力驱动螺杆相啮合而形成的驱动系统。

按照承载能力可分为：轻型升降式施工作业平台和重型升降式施工作业平台。

按照立柱的格构形式可分为：四方立柱型升降式施工作业平台（图 5-1-4）和三角立柱型升降式施工作业平台（图 5-1-5）。

图 5-1-4　矩形截面立柱型升降式施工作业平台

图 5-1-5　三角形截面立柱型升降式施工作业平台

（二）升降式施工作业平台的基本构造原理

升降式施工作业平台主要由底座、驱动单元、平台、立柱、防护装置、安全装置及电控系统等部分组成，一般有单柱型和双柱型两种基本形式。

单柱型升降式施工作业平台是由一个驱动单元组成，作业平台长度较短，一般不超过10m，如图 5-1-6。

双柱型升降式施工作业平台是由两台单柱式平台组成，其跨度最长可以达到30m，如图 5-1-7。

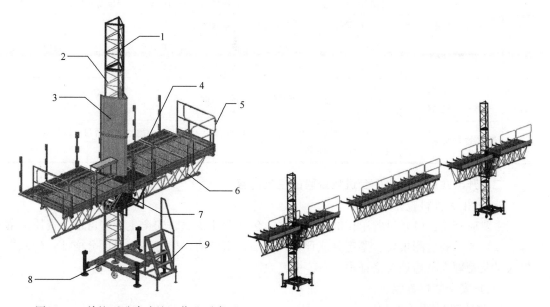

图 5-1-6　单柱型升降式施工作业平台

1—顶端限位立柱；2—立柱；3—防护网；4—伸缩平台；5—护栏；6—基本平台；7—驱动装置；8—平台底座；9—安全梯

图 5-1-7　双柱型升降式施工作业平台

第二节　升降式施工作业平台的进场查验

一、升降式施工作业平台进场查验的基本方法

（一）进场查验的组织

施工总承包单位应在升降式施工作业平台进入施工现场后，组织查验生产厂家的相关资料，包括进场产品的合格证、构件清单，生产厂家自检合格记录，派专人负责管理，建立进场验收资料档案，并定期安排维护保养。

（二）进场查验的基本工具

主要是钢卷尺、钢板尺、游标卡尺、直角尺、塞尺、磁力线坠、万用表等。

（三）进场查验的评判方法（表5-2-1）

升降式施工作业平台进场查验项目及方法　　　　　　　　　表5-2-1

序号	检查项目	评判方法
1	电控系统	目测：观察电控箱外壳是否完好，各电子元件是否完好，接线是否正确，是否符合施工现场临时用电规范要求，电磁型制动器和机械制动器是否灵敏有效
2	主要受力构件	目测：检查构件每一个焊缝及部件、平台主构件有无开焊和明显腐蚀、变形
3	连接节点	扭力扳手结合目测：焊缝是否饱满，有无虚焊、漏焊；螺栓连接是否齐全，是否连接牢固，用扭力扳手对连接螺栓进行抽检
4	试运行	观察停止时，驱动单元是否有下滑，检查单个电机能否将平台抱死不动，试验手动下滑平台动作情况是否正常
5	润滑	目测：减速机油位是否符合要求，有无明显漏油现象，机械传动部分润滑是否到位
6	限位装置	逐个试验限位装置是否灵敏可靠，如有失效的立即更换
7	齿轮、齿条	目测：齿轮、齿条有无裂纹、磨损、变形，有无砂砾等现象，发现问题及时更换或清理；齿轮、齿条啮合是否紧密，在上升或下降过程中有无错齿现象
8	手动控制紧急下降装置	试验手动紧急下降的情况，如有异响及时修复
9	防护装置	目测：平台周围护栏防护是否到位，脚手板铺设是否严密，平台与立柱相对运动区域是否设置了防护网

二、升降式施工作业平台进场查验的主要内容

（一）相关资料查验

主要应查验：（1）设备单位的资格证书，包括营业执照、安全生产许可证、资质证书等；（2）产品的检测报告、鉴定（或评估）证书、出场前自检记录、出厂合格证；（3）操作人员及管理人员培训合格证书。

（二）安全装置查验

1. 防坠落装置

主要应查验：（1）每个驱动单元必须装有一套防坠落装置；（2）应具有防坠落装置触发时，电控系统有效切断总电源的功能；（3）防坠落装置只能在有效的标定期限内使用，防坠落装置的有效标定期限不应超过两年；（4）防坠落装置装机使用时，应按工作平台额

定荷载进行坠落试验，并有试验报告；（5）防坠落装置在任何时候都应该起作用，包括安装和拆卸工况。

2. 升降自动调平装置

主要应查验：（1）当水平偏差大于 1°时，水平限位开关应及时启动，有效调平；（2）水平偏差最大超过 2°时，调平应急限位开关应及时启动，整个电控系统应断电。

3. 上下限位装置

升降式施工作业平台的顶部立柱和底部立柱均应设置行程限位开关，当平台提升到顶或下降到底时，可触动限位开关，切断总电源，防止平台出现意外事故。另外，除设置限位开关外，还应有其他构造措施，如顶部立柱齿条设置一半，底部设置双行程开关，避免发生冒顶或下降到底后的撞击事故。

（三）其他项目查验（表 5-2-2）

其他查验项目列表 表 5-2-2

序号	检验项目		标　　准
1	标识标志		标识、标志应齐全，其规格、基本参数、荷载要求等应明确
2	主要结构件	焊缝质量	结构件焊缝应饱满、平整，不应有漏焊、裂缝、弧坑、气孔、夹渣、烧穿、咬肉及未焊透等缺陷；焊渣、灰渣应清除干净
3		紧固件	紧固件无变形，连接螺栓可靠
4		铸件质量	铸件表面应光洁平整，不应有砂眼、包砂、气孔，冒口、飞边毛刺应打磨平整
5	动力装置	电缆线	无破损、压折等现象
6		电器元件	无磕伤或损坏，动作灵敏可靠，符合相关标准规范要求
7		密封性	电动施工平台的传动系统不应出现滴油现象（15min 内有油珠滴落为滴油）
8		运行状况	无异响，润滑到位
9	外观质量	涂漆及镀锌质量	涂漆件应干透、不粘手、附着力强、富有弹性；不应有皱皮、脱皮、漏漆、流痕、气泡 镀锌件的镀锌层应表面连续，有实用性光滑，无漏镀、露铁，不应有流挂、滴留或熔渣存在
10		几何形状	连接件和结构件无变形
11	安全防护装置	护栏	无弯曲变形，焊接或螺栓连接可靠
		脚手板	无破损，无弯曲变形
		防护网	无破损

第三节　升降式施工作业平台施工现场的安装和拆卸

一、升降式施工作业平台的安装基本程序

（一）安装前的准备工作

安装前应先划定安装影响区域，设置警戒线，派专人进行看管。安装期间，施工平台

下方区域严禁有人员走动，另外还应做好以下准备工作：（1）具有经过平台生产单位、总包单位、监理单位审核并批准的升降式施工作业平台施工方案和相关节点图纸；（2）组织现场技术人员、管理人员、安全员等进行安全技术交底，明确安装顺序、安装方法及安全保障措施，并指派专业技术人员在现场指导；（3）根据项目规模，合理配置安装作业人员，作业前所有作业人员应接受升降式施工作业平台专业知识和技能培训，并取得合格证书；（4）准备必备的安全保护装置，如安全帽、安全带、安全绳等，并设置必要的安全防护；（5）准备安装工具，如扳手、电锤、磁力线坠、钢卷尺、经纬仪、通讯用对讲机等。

（二）安装作业基本程序

1. 基础处理及底座安装

对预安装位置的地基基础进行处理。如果是坚实地基，可以经找平直接放置底座（如混凝土地面）；如条件好的回填土，可在上层使用砂砾等坚实材料找平，上面铺设模板作为基础（图 5-3-1）。如果基础条件比较差，可以根据作业平台底座规格浇筑混凝土基础（图 5-3-2）。如果底座安装位置受地面情况限制，无法直接放置基础，还可以单独设计钢结构基础（图 5-3-3）。

图 5-3-1　回填土夯实处理　　　　图 5-3-2　现浇混凝土基础

图 5-3-3　钢结构基础

按照施工方案中设计要求进行放线定位，将底座放置在设定位置，安装可调支腿。可调支腿伸出长度以不漏出红色警戒位置为准（红色警戒长度一般不小于 200mm）。

　　将驱动装置安装在底座上（一般出厂时驱动单元与底座是分开的），安装时要用塔吊或汽车吊等吊装设备将驱动器单元吊起，平稳放置在底座上，并固定牢固。

　　将可调支腿摇起，调整好底座的水平度和驱动单元的垂直度，并使滚轮离开地面10～20cm，调整位置以满足图纸尺寸的要求。

　　2. 基本平台梁组装（图 5-3-4）

　　双柱型升降式施工作业平台有两个驱动单元，标准平台之间用销轴或螺栓连接。双柱型升降式施工作业平台的总长度可根据结构情况进行调整，但最大长度应满足结构强度、刚度和稳定性要求。

图 5-3-4　升降式施工作业平台梁组装

　　安装基本平台前，要根据图纸将合适尺寸长度的伸缩杆插入平台梁中。平台梁的安装，一般从一端向另一端安装（当两驱动单元不在同一水平面上安装时，先从水平面比较高的一侧开始安装），先安装第一节悬臂平台梁，用销轴（或螺栓）与驱动单元连接。需要注意的是：销轴安装完毕后一定要安装开口销，以防止销轴脱落。然后，再安装驱动单元另外一节平台梁，驱动单元如果有悬挑平台，尽量保证两侧对称安装（图 5-3-5）。

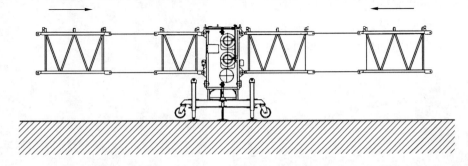

图 5-3-5　驱动器两侧平台梁安装示意图

　　继续安装中间段平台梁，每安装一节平台梁应在合适的位置进行支撑（图 5-3-6），防止平台向一侧倾斜。

　　将两驱动单元之间的平台梁安装完毕，连接另一侧驱动单元，调节可调支腿，保证另

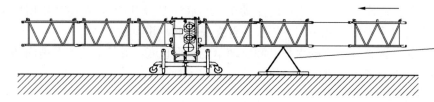

图 5-3-6　平台梁安装临时支撑示意图

一侧驱动单元垂直度。再依次安装另一侧悬挑平台梁（图 5-3-7）。

图 5-3-7　驱动器另一端悬挑平台搭设示意图

3. 安装防护装置

安装平台脚手板、踢脚板、防护栏、安全门。安装防护栏时，注意要将脚手板压实；如果平台内侧距离墙面距离大于 300mm，应安装内护栏；安装完毕，将所有的紧固螺栓拧紧。脚手板、踢脚板、防护栏安装完成后的实景如图 5-3-8。

4. 安装梯子

将梯子紧固在底座上，调整梯子支腿使梯子略向外倾斜，确保平台在升降过程中不会与梯子扶手干涉，如图 5-3-9。

5. 电控装置的安装

将电控箱安装在中部护栏指定位置（图 5-3-10），用螺栓紧固，将电控箱附近电缆线固定牢固，防止平台在升降过程中扯动电缆线，并按照《施工现场临时用电安全技术规范》（JGJ 46）的相关要求进行电控系统安装。需要注意的是，电控系统安装应由专业电工完成。然后，接通电源进行调试，保证升降式作业平台正常运行。

6. 安装自动调平装置

平台梁安装完毕后，将平台下降到最低位置，安装自动调水平装置。自动调水平装置能在双立柱平台两驱动单元不同步时，自动调节

图 5-3-8　脚手板、踢脚板、防护栏杆安装实景图

图 5-3-9　梯子安装效果图

使平台保证水平升降。

7. 安装附墙装置，接高立柱

将需要安装立柱（图 5-3-11）及相关构件和工具放置于平台上（注意：总荷载不能超过该平台额定荷载的二分之一），且尽量均匀放置，安装人员不得超过四人（一般每个驱动单元位置设两人）。如果设置了伸缩悬挑平台，则伸缩悬挑平台位置只允许承受安装作业人员荷载，严禁堆放待安装构件。安装时，要保证立柱放正对齐，连接螺栓齐全并拧紧。在螺栓拧紧过程中，应注意控制立柱的垂直度。采用多个螺栓同时紧固，紧固力需要一致，防止单螺栓受力过大而导致立柱垂直度超出允许偏差。

图 5-3-10　电控箱安装效果图

平台的第一道附墙高度距驱动单元放置面一般不能超过 6m。安装第一道附墙装置时，利用底座可调支腿调整立柱垂直度，使用经纬仪辅助测量，立柱垂直度控制在 3/1000 范围内。如果在安装阶段时风速超过五级，则应在 3m 高度处做一道临时附墙。拧紧所有连接螺栓，以后每两道附墙装置之间最大间距不能超过 6m，且每安装一道附墙装置，都要使用经纬仪对立柱的垂直度进行测量，控制立柱垂直度在允许偏差范围内。

当安装立柱到设计高度时，安装顶端限位立柱，顶端限位立柱为红色（可以起到警戒或区别作用），一般只设置半截齿条，并有限位开关触动装置，以保证平台上升到顶端立柱能自动停止，最后安装立柱防护网。

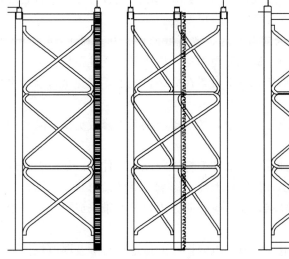

图 5-3-11　标准立柱大样图

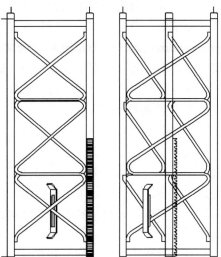

图 5-3-12　顶端限位立柱大样图

8. 平台空载试运行

平台安装完毕后（图 5-3-13），对平台进行空载试运行。试运行期间，应确保齿轮、齿条之间无杂物等，对齿轮、齿条进行润滑，保证机械的正常运行。试运行应全行程进行，不少于三个工作循环的空载试验。每一工作循环的升、降过程中，应进行不少于两次的制动，其中在半行程应至少进行一次上升和下降的制动试验，观察有无制动瞬时滑移现象。

图 5-3-13　升降式施工作业平台组装搭设完成效果图

9. 带载试运行

空载试运行完毕后，升降式施工平台应进行带载试运行，按照额定载荷进行加载，做全行程连续运行 30min 的试验。每一次循环的升、降过程，应进行不少于一次制动。

二、升降式施工作业平台的安装安全技术措施及注意事项

（一）安装技术措施

升降式施工作业平台的安装技术措施主要如下：

（1）安装前要对现场基座位置进行放线，底座位置处基础应按设计要求进行处理，不符合安装要求的应及时整改，待符合安装要求后方可安装。

（2）按照图纸尺寸或根据现场要求放置底座。放置底座前，在基础上垫 50mm 厚木板或槽钢，使平台底座多支承同时受力，避免受力不均，导致平台立柱歪斜。

（3）双立柱平台要保证两平台驱动单元及平台梁在一条直线上，避免平台承受水平向拉力，并且不能使平台受横向拉力。

（4）安装前检查各构件有无裂纹或开焊现象，如发现应及时维修或更换，防止把不符合要求的构件安装在平台上。

（5）如设置了伸缩脚手板，伸缩脚手板底部伸缩杆必须能自由伸缩，如有卡顿现象应及时处理或更换，避免在使用过程中出现伸缩杆卡死，影响升降的情形。

（6）注意平台在运行过程中有无异响，如有应查明原因，及时维修或更换，严禁带病作业。

（7）电控系统的安装必须由专业电工完成。电源接线的接地、接零及漏电保护需灵敏可靠，且符合相关规范要求。

（二）安装注意事项

升降式施工作业平台的安装，应当注意如下事项：

（1）相关管理人员必须熟悉施工现场条件、施工方案及相关技术要求。安装人员要经过安全技术培训并合格后方能上岗，必须按照操作规程的要求进行作业。

（2）搭设过程中如出现施工现场与施工方案不符或有大的变更时，应按照程序进行重新审核、报批。

（3）搭设过程中应在影响区域设置警戒线，并指派专职或兼职安全管理人员对周边安全情况进行看护，防止出现坠物伤人事故。

（4）立柱安装轴心线与底座水平基准面应保证垂直，垂直度允许偏差不大于总高度的 3/1000mm，安装时应严格控制，安装过程中定期复测检查。

（5）各立杆标准节之间的限位锥销或连接螺栓应保持对正，不可扩孔安装，也不可使用直径较小螺栓代替。

（6）立柱标准节拼接时，相邻立柱标准节的结合面对接应平直，相互错位形成的阶差不应大于 1.0mm。

（7）定期检查立柱标准节与齿条之间的连接；相邻立柱标准节两齿条的对接处，沿齿高方向的阶差不应大于 0.3mm，沿长度方向的齿距偏差不应大于 0.6mm。

（8）平台梁应保持水平。水平限位装置的设置，当水平偏差大于 2°时，水平限位开关应及时启动，进行有效调平；当水平偏差大于 5°时，调平应急限位开关应及时启动，整个电控系统应断电。

（9）工作平台上的护栏及安全门的连接应可靠、牢固，安全门开关限位系统工作正常；当安全门未关闭时，工作平台无法启动。

（10）工作平台上铺设的脚手板应防滑、易清理，脚手板与护栏上的踢脚板之间及其他构件之间的间隙应不大于 15mm。

（11）安装过程中，施工作业平台所放构件及安装人员总重量不得超过平台使用工况下额定荷载的 50%。

（12）如设置了伸缩平台及悬挑平台，应在明显处设置明显、清晰的标志，标明允许堆放的最大荷载及允许堆载区域。

（13）双柱型施工平台堆放构件时，应均匀放置在紧邻立柱处；单柱堆放物料时，除应均匀放置在立柱两侧外，还应注意使单柱两侧堆放物料重量保持平衡。

（14）严禁超载载物、载人。如设置了伸缩脚手板，伸缩脚手板只允许站人。安装组件严禁放置在伸缩悬挑部位。

（15）安装过程中，作业人员需要配备工具袋，注意看管好各种工具，使用完毕随手将工具放入工具袋，防止掉落。

（16）安装过程中对小件物品如螺栓、销轴等，要有专用收纳器具，不得随意放置在平台上，防止高空坠落。

（17）安装人员要保证身体健康，严禁酒后和带病作业，禁止安装人员在平台上嬉闹、跑跳等。

三、升降式施工作业平台的拆卸基本程序

（一）拆除前的准备工作

在升降式施工作业平台拆除前，应做好以下准备工作：

（1）升降式作业平台拆除方案经总承包单位、专业分包单位、监理单位相关人员审核批准。

（2）组织现场技术人员、安全管理人员、操作人员等相关人员进行安全技术交底，明确拆除顺序、拆除方法及安全保障体系。

（3）设置现场总指挥，负责现场拆除工作、人员安排、安全工作及进度掌握。

（4）清除架体上的杂物、垃圾、障碍物，以防在拆除过程中发生坠落。

（5）检查所有连接螺栓或构件焊缝有无缺失或开焊情形，在确保构件安全可靠的情形下进行拆除。

（6）项目安全员负责现场安全警戒及安全检查工作。

（7）班组长负责现场具体的拆除工作及物料的运输工作。

（8）在平台底部周圈搭设安全警戒线，保证需拆除平台时底部没有工人，防止在拆除过程中有坠物伤人。

（9）准备工作完毕后，报告上级主管并经批准后方可进行拆除工作。

（二）拆除作业的基本程序

升降式施工作业平台的拆除，按照"先安装的后拆，后安装的先拆"的顺序进行。

（1）平台的拆除要从立柱顶部开始，先拆除顶端限位立柱，将拆除下来的立柱通过平台运至地面，放置在指定位置并码放整齐，拆除的螺栓、销轴、扣件等小件分类装袋。

（2）拆除立柱至平台底部，然后拆除护栏、安全门、脚手板、电控箱等构件，并将拆除下来的构件分类码放整齐，以便装车。

（3）拆除平台梁，按照从一端向另一端的顺序拆除内挑部分，拆除两侧端部悬挑平台梁。当拆除两驱动单元之间的平台梁时，要先确认两驱动器内侧的驱动器连接销连接牢固，对平台梁进行支承；如果平台梁长度较长，可多设置几个点支撑点，确保平台梁断开后的稳定性。

（4）依次将平台梁全部拆除，将伸缩杆从平台梁中拔出，码放到指定位置。

（5）拆除底座，先将承重支腿提到最顶部，再将可调支腿摇到最低处，将底座组件拆开，分类码放。

四、升降式施工作业平台拆卸的安全技术措施及注意事项

（一）拆卸的安全技术措施

升降式施工作业平台的拆卸安全技术措施主要如下：

（1）开始拆卸平台时，要检查所有的连接螺栓、附墙装置是否牢固，各安全保护装置是否可靠，尤其要保证限位装置起作用。

（2）为防止平台拆卸过程中发生意外，拆卸前应检查防坠落装置、附墙装置的可靠性。

（3）拆除立柱时，由于上限位立柱已经拆除，要按照平台只能下降不能上升的原则，拆除人员一定注意在满足拆除要求的前提下，尽量将平台停靠在相对较低的位置。

（4）拆卸过程中，无关人员不得停留在架体上，架体上的垃圾杂物必须清理干净。

（5）拆除附墙装置时，要缓慢松开连接螺栓，防止附墙突然松开，造成立柱晃动。

（6）拆除双立柱两驱动单元间的平台梁时，一定要确保驱动器连接销或螺栓齐全可靠，根据平台梁的长度设置多个支点，并确保支点稳固。

（7）拆卸过程中应建立严格检查制度，在班前班后、大风暴雨等恶劣天气之后，均应有专人进行检查。

（8）拆卸过程中，应经常对连接件、附墙装置进行检查，如有锈蚀严重、焊缝开裂、连接螺栓松开等情况，应及时作出处理。

（9）严禁任意拆除和损坏平台结构或防护设施。拆除的构件可以放置在平台上运至地面，但是拆除构件总荷载不应大于平台额定荷载的二分之一。

（二）拆卸注意事项

升降式施工作业平台的拆卸，应当注意如下事项：

（1）拆卸人员要佩戴好劳动保护用品。

（2）平台下面要设立警戒线，并派专人看护。作业期间，任何人员不得进入拆除范围。

（3）拆除时，平台允许载荷应不大于正常使用时允许荷载的一半，拆除过程中要严禁平台超载。

（4）架体与建筑物之间的护栏应最后拆除，以防发生意外。

（5）拆卸作业人员必须佩戴安全带和工具包，拆除小物件直接放置在收纳箱，以防坠物。

（6）拆除人员要身体健康，如有恐高等不适合登高作业疾病的人员，严禁进行拆除作业。

（7）不允许夜间进行架体拆卸作业。

（8）禁止在作业平台上嬉闹、跑跳等。

五、升降式施工作业平台安拆和使用过程中常见问题的处理

（一）安装过程中的常见问题的处理

（1）平台梁一般按照规格尺寸起拱，在方案设计时已根据构件规格尺寸及起拱合理配置，但如果在组装平台时没有按照要求依次搭设，会出现平台凹凸不平，造成安全隐患。为了避免此问题，安装时要由技术人员进行交底，严格按照方案的要求及装配顺序进行组装。

（2）安装护栏无法插入护栏插管或安装位置偏差。其原因分析，防护栏杆构件在运输或装卸过程中插管出现变形。解决的办法是：安装前应注意观察，发现问题则使用专用工具进行校直或更换。

（3）伸缩脚手板所使用的伸缩杆无法安装（图5-3-14）。其原因分析：一是可能平台横杆内锌瘤或异物没清理干净；二是伸缩杆变形。解决的办法是：安装前应注意观察，发现问题进行现场清理或校直。

（4）驱动器和脚手板连接处密封不严，在施工过程中，砂浆从脚手板缝隙正好掉在水平限位开关上，污染了联动装置，导致水平限位自动调整装置失灵。解决的办法是：密封脚手板，增加驱动器水平限位装置防污染措施。

（5）随着立柱安装高度的增加，后安装立柱超出允许偏差。其原因分析：已安装立柱连接端面有夹杂物，或有焊渣或锌瘤没清理干净；有立柱连接螺栓

图5-3-14 伸缩杆安装实景图

未完全拧紧。解决的办法是：从下至上逐节重新检查核实立柱垂直度，发现有问题的立柱要进行修整，对不满足精度要求的应进行更换。

（6）单立柱安装时出现立柱扭曲。其原因分析，在安装时立柱两边平台梁长度不对称，或加载不对称。解决的办法是：使用手拉葫芦辅助，与建筑物拉结，从下至上依次逐节调整。

（二）使用过程中常见问题及处理（表5-3-1）

常见问题及处理方法
表 5-3-1

序号	可能出现问题	故障分析	处理方法
1	电源线接通后，无法启动，按下启动按钮时电控箱面板指示灯不闪烁	电源线接线处相序错误或相序保护器损坏	将电源线接线处换相，检查相序保护器是否正常
2	无法启动，按下启动按钮指示灯闪烁	安全门未关闭	检查并使其复位
3		上升下降极限限位被卡死	检查并使其复位
4		水平极限限位起作用	调整平台水平度
5	电控箱启动后，电机反转	相序保护器相线接反	调换任意两个相线接头
6		380V空开相线接反	
7		驱动器接线盒内相线接反	
8	平台只能升不能降	下行限位出现故障	更换或修复
9	平台只能降不能升	上行限位出现故障	更换或修复
10	平台下降速度过快	平台超载或电机摩擦片磨损严重，或电机故障	清理平台，核实平台载荷情况，检查电机
11	下降速度过快致使平台突然停止	防坠器被打开	按住启动按钮，拨动钥匙开关，使平台上升运行至少0.5m
12	拨动双向操纵杆，电机嗡嗡响，热继电器跳闸	电机缺相	用万用表查找缺相原因并修复
13	双立柱平台无法自动调平	水平限位夹未正确安装或脱落	重新安装

第四节　升降式施工作业平台施工使用前的验收

一、升降式施工作业平台施工使用前的验收组织

升降式施工作业平台在安装完毕投入使用前，应由相关单位进行验收。验收可由设备使用单位组织，设备租赁单位、安装单位、使用单位、监理单位的相关人员参与，共同进行验收；验收要形成书面验收记录，相关责任人在验收记录表上签字，验收合格后方可交付使用。

二、升降式施工作业平台施工使用前的验收程序

安装单位在升降式施工作业平台安装完毕后，首先要对平台进行自检；自检合格后提交自检报告给使用单位，由使用单位组织安拆单位、设备租赁单位、监理单位共同对升降式施工作业平台进行验收；验收合格后，报政府监督部门备案并交付使用。

三、升降式施工作业平台投入使用前的验收内容

（一）基础验收

主要是：（1）检查基础是否按照方案及说明书要求进行处理；（2）检查底座是否按使用说明书要求正确安装，可调支腿是否按要求打开，打开长度是否合理；（3）基础定期检查记录。

（二）驱动单元的验收

主要是：（1）驱动单元能否正常运行，电机、齿轮、齿条、限位轮等有无异响，上升下降速度是否正常；（2）制动器是否灵敏有效，驱动单元停车时有无下滑，手动下滑能否正常使用，单个电机能否将驱动单元抱死；（3）检查减速机有无明显漏油现象；（4）检查齿轮齿条有无断裂、磨损、变形，有无沙砾、杂物等；（5）检查齿轮齿条啮合紧密程度是否符合要求，在上升下降过程中有无错齿现象。

（三）附墙装置的验收

主要是：（1）检验附墙装置的连接件是否正确安装，连接螺栓是否拧紧；（2）若附墙座与结构采取焊接连接，检查焊接是否牢固可靠；（3）检查附墙装置距离是否符合要求，第一道附墙装置距离地面高度不大于6m，每道附墙装置之间的间距不大于6m，自由端悬臂高度应符合使用说明书的规定。

（四）行程开关可靠性验收

主要是：（1）上、下行程开关、限位装置开关是否灵敏可靠；（2）顶端限位立柱是否安装，限位立柱上行限位块是否牢固可靠；（3）当双立柱平台出现不同步时，水平限位开关能否自动调平；（4）安全门限位开关是否灵敏可靠。

（五）电气系统安全可靠性验收（表5-4-1）

主要是：（1）电控箱是否有防雨措施；（2）电控系统是否符合临时用电规范要求；（3）电缆线有无破损、电控箱电子元件是否完好；（4）电气系统各种安全保护装置是否齐全、可靠。

升降式施工作业平台检查验收表　　　　　　　　　　　　　表 5-4-1

工程名称				结构形式		
使用单位				生产单位		
验收部位				验收日期		
检查项目	序号		检查内容与具体要求			检查结果
技术资料	1		经过审批合格的技术方案			
	2		生产单位企业资质、营业执照齐全			
	3		产品出厂合格证是否齐全			
	4		产品标牌内容是否齐全（产品名称、主要技术性能、制造日期、出厂编号、制造厂名称）			
平台构造	5		施工平台搭设的长度、高度是否在图纸要求或使用说明书所规定的范围内			
	6		底座是否按使用说明书的规定安装，安装完毕后测量是否有位移和下沉			
	7		平台水平搭设的主构件有无变形，搭设架体有无明显变形			
	8		三平台垂直搭设的立柱垂直度无明显变形（直线度小于3/1000）			
	9		连接螺栓和紧固螺栓有无松动或缺损，检查金属结构件的连接件是否牢固、可靠			
	10		电缆是否固定可靠，电缆线是否与电缆桶垂直			
	11		双柱型平台的水平限位器是否装配，是否工作正常			
安全装置	12		上、下行程限位装置，安全门报警装置，底部缓冲装置，水平限位装置是否灵敏可靠			
	13		电控箱保护装置、相序保护器、热敏开关是否正常工作，接头有无破损、虚接等			
	14		双柱型水平限位开关能否自动调平			
	15		手动控制紧急下降装置是否灵敏有效			
	16		平台周全护栏防护是否到位，安全操作规程、荷载标识牌等是否悬挂。			
	17		电机制动部分及防坠落装置是否工作正常			

续表

检查项目	序号	检查内容与具体要求	检查结果
齿轮齿条	18	齿轮、齿条有无断裂、磨损、变形等影响正常工作的隐患	
	19	齿轮齿条啮合是否紧密，在上升下降过程中有无错齿现象	
	20	齿轮、齿条等传动部分润滑是否良好	
附墙机构	21	连墙机构的零部件安装是否符合要求，扣件连接螺栓是否拧紧	
	22	测量附墙装置的间距及倾斜角度	
	23	附墙位置及间距是否与图纸规定或使用说明书的规定相符。第一道附墙距离地面小于 6m，每道附墙间隔 6m，自由端不超过 3m	
	24	膨胀螺栓是否拧紧	
电气系统	25	电动平台控制箱是否有防雨装置	
	26	开关箱及漏电保护器的设置是否规范	
	27	控制箱外壳的绝缘电阻不小于 0.5MΩ	
	28	电动机的供电规格是否三相五线制，有无接地和接零	
	29	电线电缆有无破损，供电电压 380v±10％。每个电动机的额定电流 3A，启动电流 40A	
	30	上限位开关、下限位开关、调水平限位开关、防脱轨限位开关，一旦启动，应有效切断控制电源	
	31	防坠限位开关、安全门限位开关、上升/下降应急限位开关、调平应急限位开关一旦启动，应有效切断总电源	
空载试验	32	应全行程进行不少于 3 个工作循环的空载试验，每一工作循环的升、降过程中应进行不少于两次的制动，其中在半行程应至少进行一次上升和下降的制动试验，观察有无制动瞬时滑移现象	
载荷试验	33	工作平台做全行程连续运行 30min 的试验，每一次循环的升、降过程应进行不少于一次制动	

验收结论			

验收人签字	生产单位	使用单位	监理单位

符合要求，同意使用（　　　）

不符合要求，不同意使用（　　　）

总监理工程师（签字）：

年　　月　　日

说明：本验收表一式三份，生产单位、使用单位，监理单位各一份。

第五节 升降式施工作业平台的施工作业安全管理

一、升降式施工作业平台施工作业现场的危险源辨识

（一）安装与拆卸过程的危险源辨识

在安装与拆卸过程中，主要有如下危险源：（1）安装过程中坠物伤人。升降式施工作业平台搭设区域要设置警戒线并派专人看护，以防坠物伤人。（2）驱动器基础。查看驱动器基础是否满足方案及使用说明书的要求。混凝土形式的基础是否做压块实验，能否达到规定的荷载，排水是否顺畅。钢结构基础的材料、结构形式、外形尺寸、焊道是否满足设计要求。加固措施用脚手架的材料、位置和搭设是否满足方案要求。（3）电控系统故障或漏电。查看电源线的接地和电控系统的完整性，主电源线为三项五线制，电缆外观是否有破损、破皮等影响使用的情形。（4）平台限位未安装或未正确安装。查看垂直限位器开关位置调节，垂直限位器开关座的位置与底座的间距一般要控制在最低点，离缓冲装置100~150mm。（5）平台超载。安装期间放置在平台上待安装的立柱不能超过额定载荷的一半，应尽量均匀放置。（6）平台连接销未连接或连接后未设置开口销。平台连接销的外观质量必须满足要求，不能有锈蚀、变形等缺陷。连接销轴必须连接到位，必须插好安全销。（7）平台与建筑物干涉。安装时，临时搭设的构件要及时拆除，以防止升降时发生干涉，出现意外。（8）工具坠落。附墙装置搭设时，安拆人员要使用工具袋，使用时注意防止坠落。（9）立柱垂直度不满足要求，平台提升有异响。立柱垂直度不满足要求，未控制在3/1000以内。（10）悬臂高度过高。安装或拆除时。自由端必须控制在3m以内，在操作时注意动作幅度要小，尽量减少平台的晃动。

（二）使用过程的危险源辨识

在使用过程中，应着重注意如下危险源：（1）平台超载或堆放物料太集中。每次升降前，应查看物料堆放位置、操作人员数量、平台总重量是否在标识牌所规定的范围内。（2）平台伸缩杆不牢固，垂头。平台伸缩杆未使用固定螺丝固定，在使用过程中伸缩部分向外滑出或垂头。定期检查平台离墙距离、伸缩梁长度及固定情况。（3）双柱型水平限位开关不起作用。在使用过程中水平限位器螺栓松开，限位精度超出允许水平倾斜角度2°，在升降过程中平台梁与驱动器连接位置出现较大应力，平台组件变形损坏。所以，需要定期检查水平限位装置并进行校准，确保水平限位装置必须起作用。（4）平台与结构干涉。当出现结构收缩变化时，在结构缩进去位置需要将作业平台可伸缩部分伸出来。当作业完成后，在未将平台伸缩杆收进去的情形下对平台进行升降作业，发生平台与结构干涉。平台伸缩杆以不露出警戒色为准，锁定螺母必须拧紧，升降作业前必须确保平台伸缩脚手板部分与结构不发生干涉。（5）作业人员攀爬翻越护栏。作业人员不下降到地面而直接从平台上翻越防护栏进入楼层内部，或者站在高于防护栏的工作面上施工，均容易发生高处坠落事故。（6）在平台电控箱私接其他用电设备。施工人员对作业平台电控箱私自拆改，借用平台专用电控箱接电。此类行为应禁止，以防烧坏电控箱内的电器元件或操作过程中漏电，发生危险。（7）电缆线不入电缆桶。当出现大风天气时，受大风影响，电缆线难以顺利进入到电缆桶，这样就有可能导致电缆被扯断的安全隐患。所以，操作人员要注意电缆入桶情况，当出现入桶困难时需要地面人员配合，确保电缆顺畅出入桶。

二、升降式施工作业平台的安全操作规程

（一）施工作业准备阶段的安全注意事项

主要是：（1）施工前必须认真做好安全技术交底，并办理书面签字手续；（2）管理人员的分工要明确，责任到人；（3）平台操作人员必须经专业培训并取得上岗证后，方可对平台进行操作；（4）进入现场时必须戴好安全帽，系好安全带，穿防滑鞋；（5）平台使用前应熟悉平台操作规程；（6）使用前必须检查平台上所有的安全装置和电控系统是否能正常工作。

（二）施工作业阶段的安全操作规程

主要是：（1）升降式施工作业平台每班使用前，应关好安全门，必须空载运行，检查制动灵敏性，检查双立柱平台水平限位开关是否有效，经确认工作正常后方可使用；（2）严格按照平台规定的载人或载物数量或重量进行使用，严禁超载；（3）平台上的操作人员及作业人员严禁攀爬护栏，严禁站在高于护栏的工作面上，如有特殊情况应采取特殊的保护措施；（4）平台运行中，操作人员不准做有妨碍平台运行的动作，不得离开操作范围，应注意观察平台运行情况及有无异响、障碍物等现象，如果发现异常情况应及时停机检查处理，故障未排除的严禁使用；（5）平台保养时，需将升降式施工作业平台降至地面最低位置；（6）所有操作人员、施工人员必须戴安全帽、系安全带和穿防滑鞋，严禁酒后及带病上岗；（7）平台工作时，与其对应区域地面应设置警戒线，严禁人员进入警戒区域；（8）凡遇有下列情形时应停止运行：大雨、大风（六级及以上）、大雾、大雪等恶劣天气，灯光不明、信号不清，机械发生故障未排除等。

（三）施工作业安全操作注意事项

应当注意如下事项：（1）不允许在承载力不明的结构上使用电动施工平台；（2）施工作业平台升降时禁止施工，升降前要对平台周圈进行检查是否存在临时搭设未拆除或障碍物等，未经检查严禁升降；（3）每天工作完毕后将施工平台下降到最低位置，并确保无证人员无法操作施工平台，必要时将电控箱和电缆线摘除；（4）使用前必须检查平台上所有的安全装置和电控系统是否能正常工作；（5）平台在载人或载物时，要严格控制在规定的数量或重量范围内，严禁超载；（6）施工平台不允许超载使用或承受集中荷载，物料应严格按"平台载荷分布图表"堆放，伸缩部分不允许堆放物料，只允许有关人员进行现场作业；（7）施工平台使用时，任何人不能随意拆除平台构件及杆件；（8）无论是上升、下降或在停止状态，一定要关闭安全门，不关闭安全门则电控箱无法通电，平台无法上升下降；（9）严禁更改平台电控箱的线路或在电控箱里面私接电源；（10）出现紧急情况时，应及时按下电控箱上的紧急停止按钮；（11）当出现6级以上大风时，停止使用施工平台，并降到最低位置，切断电源；（12）当出现大风天气时操作人员要注意电缆入桶情况，如出现入桶困难时需要地面人员配合，确保线缆顺畅出入桶；（13）使用完毕后，将平台下降至最低位置，将平台控制开关扳至零位，关闭电控箱电源，锁好控制箱；（14）对平台进行清理打扫，并进行日常维护保养，做好检查记录；（15）检查平台四周，不得堆放易燃易爆物品。

三、升降式施工作业平台施工作业现场的安全风险防控与应急处置

（一）施工作业现场的风险防控

施工现场风险防控，主要从以下三方面进行：

1. 安装与拆卸的安全风险防控

主要是：（1）安全技术交底齐全。施工前必须认真做好安全技术交底，并办理书面签字手续；平台操作人员必须经过专业技术安全培训并取得上岗证后，方可对平台进行操作；（2）管理人员的分工要明确，责任到人，操作人员严格执行操作规程；（3）不允许在承载力不明的结构上使用升降式施工作业平台；（4）安全防护措施必须到位，进入现场必须戴好安全帽，系好安全带，穿防滑鞋；（5）安全装置灵敏有效，使用前必须检查平台上所有的安全装置和电控系统是否能正常工作；（6）熟悉平台额定荷载，严格按照荷载要求施工，熟悉平台规定的载人或载物数量或重量范围，严禁超载；（7）规范施工作业，平台上的操作工人及作业人员严禁攀爬护栏，也不允许站在高于护栏的工作面。

2. 升降过程的安全风险防控

主要是：（1）平台升降过程应严格按平台操作规程进行操作；（2）施工平台使用时，必须按照施工平台施工方案中有关要求使用，未经允许严禁他用；（3）施工平台升降作业时，禁止作业人员施工，升降前要对平台周边进行检查，看是否存在临时搭设未拆除或障碍物等，未经检查严禁升降；（4）每天工作完毕后，将升降式施工作业平台下降到最低位置，并确保无证人员无法操作施工平台，将电控箱锁好；（5）施工平台不允许超载使用，运送物料应严格按平台荷载分布图表堆放，伸缩部分不允许堆放物料，只允许人员进行现场作业，悬挑部分总荷载不超过 0.5t；（6）施工平台使用时，任何人不能随意拆除平台构件及杆件；（7）无论是上升、下降或在停止状态，一定要关闭安全门，不关闭安全门则电控箱无法通电，平台无法上升下降；（8）严禁更改平台电控箱的线路或在电控箱里面私接电源；（9）施工平台使用过程中，每月应进行一次全面检查；（10）出现紧急情况时，请及时按下电控箱上的紧急停止按钮；（11）当出现 6 级及以上大风时，应停止使用升降式施工作业平台，并降到最低的位置，切断电源；（12）当出现大风天气时，操作人员要注意电缆入桶情况，当出现入桶困难必要时需要地面人员配合，确保线缆顺畅出入桶。

3. 施工作业人员的安全风险防控

主要是：（1）设置安全管理机构，配备足够的安全管理人员，明确人员职责及分工；（2）作业人员进入施工现场，必须应戴好安全帽，系好安全带，穿防滑鞋；（3）平台上要均布载荷，作业人员数量要控制好；（4）防止在平台上作比较剧烈的运动；（5）施工作业人员要身体健康，杜绝带病或酒后施工；（6）在施工范围设立警戒线，警戒线内禁止人员自由出入或交叉施工；（7）施工前，应召集其他工种作业人员，将平台作业安全隐患进行交底，避免其他作业人员误入平台施工区域造成伤害。

（二）施工作业现场紧急情况下的应急处置

施工作业现场紧急情况下的应急处置，主要有：

（1）驱动器有异响。检查是否有立柱齿条缺油现象；检查齿条与从动轮以及限位轮与立柱之间是否有石子、螺丝、钢筋头等硬性杂物卡住。

（2）运行过程中有节奏清脆的"咔吧"响声。要检查限位轮轴承，检查有无明显的立柱间隙变大、晃动等现象，可能是限位轮轴承损坏，应及时更换修复。

（3）电机发出嗡嗡声或运转时抖动、有焦糊味。要观察减速机是否有漏油现象，拧开减速机油位检查螺塞，检查油位是否充足（正常拧开油位螺塞应有油流出）；如果油位正常，有可能是电机电磁刹车没有释放。检查电机接线盒内整流模块是否有输出电压，如果没有输出电压，说明模块烧毁需更换；如输出电压正常，则有可能是电机尾部风扇罩内的电磁刹车机械出现故障，非专业人员请勿自行拆卸。

（4）正常下降速度时防坠器启动。防坠器只有当下降速度超过一定限值时才启动，如果正常下降速度时防坠器启动，致使平台不能正常运行，则有可能是离心式防坠落装置的离心挡块塔形弹簧日久疲劳失效，应由专业人员进行检修。

（5）平台升降过程中出现突然停机。应检查电控箱，检查所有磁热敏元件的完整性，检查相序变化，确定电缆线没有损坏；检查热敏开关是否脱开，检查面板变压器是否烧坏，检查电动机处在限位开关上，是否同时有两个倒相；检查电动机终端盒中是否振动，电缆线脱落或松动。

（6）电动机发出异响但动力不足。检查平台是否超载，电压是否稳定，制动器是否烧坏或者受潮。如果电器元件和电机损坏，应首先将平台下降至能够上下人的位置，由专业人员根据情况进行更换。

（7）升降过程中遇立柱连接位置有异响。检查立柱连接螺栓是否有松动现象，立柱对接接头位置平整度是否超出允许偏差，如有应及时停止升降，对接头位置进行处理，确认无问题后方可重新启动。

（8）突然断电。施工过程中如果出现断电等紧急情况时，可以使用手动下降功能。双柱型手动下降需要两个作业人员同时操作，用手动下降摇杆慢慢松开电动机刹车，直到施工平台慢慢开始下降，通过摇杆控制使得平台匀速下降；如果速度太快，可以适当放松下降摇杆，避免防坠落装置打开。在双柱型施工平台手动下降过程中，一定要注意控制平台的水平度。

（9）拨动上升开关，驱动器不上升反而下降。这是电源缺相或上升接触器烧毁缺相，上升时电机电磁制动打开，电机并没有工作，平台自重下滑，应修复电源更换上升交流接触器。

（10）电源指示灯亮，有讯响信号但不启动。用表测量电压是否足够，消除可能的原因；检查平台是否超载，如超载去掉额定荷载多余的部分；检查电机制动器是否烧坏或者受潮湿，用表测量整流器是否完好，如损坏应及时更换。

（11）在正常启动情况下不能上升，没有讯响信号。可能是上升接触器没闭合。首先应检查上升限位开关是否复位，开关为常闭（万用表测为通）。上限位开关和立柱接触是否到位，和立柱接触正常工作状态为闭合（万用表测为通）。两个开关都通，有讯响信号但驱动器没动作，表明两侧水平限位开关同时动作，检查复位，两侧水平限位开关为常闭。

（12）能正常启动但没有讯响信号，不能下降。一般是下降接触器没动作，检查下降限位开关是否复位，有无异物卡上，开关为常闭（万用表测为通）。如下降限位开关通，拨动下降开关有讯响信号，但驱动器没有下降动作，就是两侧水平限位开关同时动作了，检查复位，水平限位开关为常闭。

（13）电源指示灯亮，有讯响信号但不启动。用表测量电压是否足够，消除可能的原因；检查平台是否超载，如超载去掉额定荷载多余的部分；检查电机制动器是否烧坏或者受潮湿，用表测量整流器是否完好，如损坏应及时更换。

（14）接触器和热继电器的烧毁。可能是电控箱相线接线端压线不紧，虚接发热，导致了接触器和热继电器的烧毁，应把电控箱线路重新检查一遍，发现虚接重新压紧。

四、升降式施工作业平台施工作业班前安全教育培训

（一）班前安全教育培训的主要对象及方式

（1）班前教育培训的主要对象，是施工作业平台的管理人员、安全管理人员、操作人员和平台上施工作业人员。

（2）教育培训的方式主要是三级安全教育、技术交流会、安全培训、安全技术交底等。施工有关人员及平台操作人员在平台进场后，应接受平台的全面安全技术交底，组织三级安全教育和岗前施工技术、施工安全、文明施工、劳动纪律教育培训。每道工序施工前，平台技术负责人应向平台操作人员做详尽的安全技术交底，讲解有关作业标准、技术要求、安全要点及主要内容，并要求有关人员签字存档。

（二）班前安全教育培训的主要内容

班前安全教育培训的主要内容有：（1）施工现场需要遵守的规章制度、施工安全、文明施工和劳动纪律；（2）安全防护用品的配备及安全防护用品的使用要求，如进入施工现场必须戴好安全帽，系好安全带，穿防滑鞋；（3）装修施工工艺流程、结构变化情况和施工方案内容；（4）升降式施工作业平台的操作规程；（5）升降式施工作业平台安全使用规定；（6）升降式施工作业平台使用前后的检查要点；（7）升降式施工作业平台的维护保养；（8）升降式施工作业平台的应急处理措施。

第六节　升降式施工作业平台施工现场日常检查和维修保养

一、升降式施工作业平台的日常检查

升降式施工作业平台日常检查的主要内容有：（1）基础必须平整、坚实，应具有排水措施；（2）驱动装置运转正常；（3）主平台梁的连接销轴、螺栓齐全可靠，焊缝饱满，无焊接质量问题，平台弯曲变形量满足要求；（4）立柱的连接销轴、螺栓齐全可靠，焊缝饱满，无焊接质量问题，垂直度满足要求；（5）附墙连接装置的连接螺栓齐全可靠，附墙杆件无弯曲变形；（6）电控系统的电缆线、电子元件符合相关标准要求，控制箱满足《施工现场临时用电安全技术规范》（JGJ 46）相关要求。具体检查项目详见表 5-6-1。

作业平台日常检查项目表 　　　　　　　　　　　　　　　　表 5-6-1

序号	检查项目	检查方法
1	安装基础是否坚实稳固，底座是否有位移和下沉	测量底座距离墙面的距离有无变化，安装基础有无裂痕或塌落
2	电控箱防雨状况，急停开关、操作杆是否工作正常	观察电控箱外壳是否完好，各插头连接严密，启动电控箱试验急停开关与操纵杆是否正常
3	平台主构件有无开焊和明显腐蚀、变形	检查构件每一个焊缝及部件
4	安全操作规程，荷载堆放标记是否清晰明了	目测检查，核实
5	附墙用连接螺栓有无松动、缺失	用扭力扳手对每个螺栓进行检验

续表

序号	检查项目	检查方法
6	制动器是否灵敏有效	观察停车时，驱动单元是否有下滑，检查单个电机能否将平台锁死，试验手动下滑平台动作情况是否正常
7	立柱连接螺栓是否有松动	用扭力扳手对每个螺栓进行检验
8	减速机油位是否符合要求，无明显漏油现象	目测
9	限位装置、水平装置是否灵敏可靠	逐个试验限位装置，如有失效的应立即更换
10	齿轮、齿条有无断裂、磨损、变形，有无砂、杂质或污染物	目测，发现问题及时更换或清理
11	齿轮、齿条啮合紧密，在上升下降过程中无错齿现象	目测
12	机械传动部分润滑是否到位	目测
13	有无接地、接零保护，有无虚接、漏接，电缆有无损伤或破皮现象	将压线螺栓紧固一遍，并检查电缆线
14	手动控制紧急下降装置否灵敏有效	试验手动紧急下降的情况，如有异响及时修复
15	平台周边护栏防护是否到位	目测

二、升降式施工作业平台日常维修保养

升降式施工作业平台的维修，需要专业人员进行。在施工过程中，主要用到以下维修作业人员：（1）机械维修技术员，需经专业公司培训考核合格，主要负责维护和修理电动施工平台的机械部分。（2）电器维修技术员，需持证并经平台厂家专业技能培训考核合格，主要负责维护和修理电动施工平台的电器部分。

（一）日常维修保养的内容

升降式施工作业平台属于施工设备，同其他所有设备一样，需要定期进行维修保养，其保养的好坏程度直接影响着平台升降情况和使用寿命。为了保证施工作业平台的安全使用，消除事故隐患，应对施工作业平台进行一些日常维护和保养，具体保养内容如下：

（1）施工平台每天作业前，施工班组应对防坠落装置、安全装置进行检查，及时清理安全装置及构件上的建筑垃圾或杂物，发现问题应及时更换，确认灵敏可靠后方可投入使用。

（2）每天作业前，施工班组应对导向轮、销轴、连接螺栓、焊缝等进行检查。

（3）检查电缆线、限位开关、护栏、附墙装置的状态良好。

（4）每月应对升降作业平台进行一次大检查。大检查的内容包括电机传动部分、刹车系统。

（5）检查平台基础有无沉降、变形状况。

（6）检查导向轮是否有杂物，有无缺失或磨损情况。

（7）每天作业前，检查清理齿轮与齿条之间有无建筑垃圾或杂物，并及时清理；检查齿轮有无磨损严重或缺齿现象，定期加注润滑油。

（8）检查立柱垂直度的偏差是否在允许范围内，如果偏差大应及时调直。

（9）每天作业前，施工班组应对安全装置进行检查，发现问题应及时修理或更换，确认安全装置完好可靠后方可使用。

（10）定期对电机进行维护保养，对电动机特别是风扇进行清理，保持电动机空气的流动顺畅。

（11）每天作业前，检查各附墙装置连接螺栓是否安全可靠，有无弯曲变形情况。

（12）检查安全防护是否有不牢固或缺失现象，如果有应立即修补好。

（13）检查电控系统是否完好，如有故障应即时修理或更换。

（14）每天作业完成后，对防坠落装置、安全装置、架体构件进行常规检查。

（二）日常维修和保养的注意事项

施工作业平台的维修保养，必须按照制度严格执行，并注意如下事项：（1）维修和保养时，应将升降作业平台下降至最低位置后进行，维护保养人员不得站在平台的下方。（2）维修和保养过程中，应注意看管好各种工具，防止掉落。（3）升降式施工作业平台某些构件损坏或有缺陷时，应立即停止使用，将平台下降至最低位置进行修理或更换，严禁带病作业。（4）维修保养人员应该经过专业培训，并且不得随意更换。（5）每次维护保养应尽量使用同一种类型的润滑剂。（6）遇大风、暴雨等恶劣天气后，应对施工作业平台进行一次全面检查，确认各构件无损坏变形，安全装置灵敏可靠后，方可交付使用。

第六章　升降式施工防护棚

第一节　概　　述

一、升降式施工防护棚的基本概况

升降式施工防护棚（简称施工防护棚）是依靠附着装置固定在建筑物外围，通过标准构件进行现场组装，形成可拦截建筑物外围高空坠物具有水平防护功能，同时可自动沿建筑物外立面上下运动的一种施工防护设施。它主要用于建筑主体结构施工装修作业的整体水平防护。

在建筑工程施工领域，升降式施工防护棚与传统钢管搭设的水平防护隔离棚相比较，具有如下优越性：

（一）在技术先进性方面

具有更高的安全性和可操作性。升降式施工防护棚的全部材料为标准定型产品，其用料均为钢材，其强度、刚度和稳定性均须符合国家标准规定；升降式施工防护棚设有多重安全保护系统与装置，每个吊点除电动葫芦链条固定之外，必须设置独立的防坠落装置。当升降施工防护棚发生倾斜或坠落时，能够防止导轨下降，以保证人员与设备的安全。而钢管搭设防护棚具有很多安全隐患：人员临空操作，易从高处坠落，尤其是在爬架施工后，爬架下方已无外脚手架防护，防护棚的搭设全部在无防护状态下完成，易造成安全事故；高空铺设脚手板容易会被大风吹落砸伤行人；拆除时人员在高空作业同时配合塔吊在盲区调运极不安全等。

升降式施工防护棚具有以下主要特点：构件标准化、生产工厂化、高处作业低处化；采用电动葫芦上下，避免了工人多次搭设，安全性能有保障；自升式防护棚的搭设全部在低处，避免了高处搭设，降低了人员坠落危险；走道板采用花纹钢板与架体进行可靠的刚性连接，避免遇大风期间被刮落的风险；美观大方，文明施工性能好。

（二）在经济合理性方面

使用成本低，维护方便，使用寿命长，储存运输费用低。安拆费用低，安拆便捷、省时、省力，可节省大量安拆费用。能快速进入使用状态，缩短安装周期、作业效率高。升降式施工防护棚采用电动升降，操控简单、轻便灵活，具有高机动性，降低劳动强度，提高施工效率，缩短施工周期。

与传统的防护棚相比较，使用升降式施工防护棚可缩短建设工期，降低用工量，提高劳动效率 2～4 倍，节约费用 40％～60％。随着建筑高度的增高，其经济效益更为明显。

（三）在节能环保方面

可节约人力资源。其安拆便捷速度快，低处安装、高处使用可节省大量安拆工作量；可自行升降不占用塔吊正常的作业时间，不使用一次性材料，所有构件一次制作、多次使用，彻底杜绝水平悬挑防护 80％ 以上一次性材料的使用；施工对主体结构承载要求低，拆除后无需对墙面进行修补，节省重复用工。

二、升降式施工防护棚的基本构造及原理

升降式施工防护棚主要由支架系统、附着导向和卸荷系统、动力提升系统、防坠系统和防护棚系统组成，如图 6-1-1。

图 6-1-1 升降式施工防护棚的基本构造

1. 支架系统

支架部分由横向加固龙骨、网片支撑骨架、导轨、内侧竖龙骨、外侧竖龙骨、辅助加强横杆、刚性斜拉杆、龙骨板、龙骨板连接板等通过螺栓连接而成。

2. 附着导向和卸荷系统

该系统由导轨、可调式卸荷限位支顶器、导轮组、附墙支座和穿墙螺栓组成，如图 6-1-2。每个机位安装两个附墙装置。

每一提升点位根据楼层高低沿架体高度安装导轨，导轨长度覆盖三层楼板，并在结构上安装两对呈抓钩状导轮组控制住导轨，导轮组与附墙支座组装成导向件，再通过穿墙螺栓与建筑结构相连。升降时，导轨与架体平台一起沿导轮组上下垂直运动，形成对架体升降时的导向和防倾作用。使用状态下，导轨通过防坠档杆、可调式支顶器、支顶器座固接于附墙支座上，将架体荷载传给附墙支座，再由附墙支座转传给结构物，如图 6-1-3。

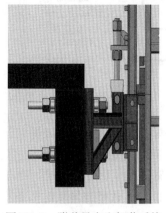

图 6-1-2 附着导向和卸荷系统

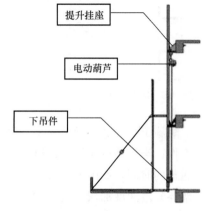

图 6-1-3 整体结构示意图

3. 动力提升系统

升降式施工防护棚动力提升系统，包括提升挂座、穿墙螺栓、电动提升机、下吊件。升降式施工防护棚提升系统，采用环链式电葫芦的方式，无需周转。提升挂座通过穿墙螺栓附着在建筑上，下吊件通过四个螺栓与导轨相连；电动葫芦侧挂在提升挂座上，葫芦吊钩钩住下吊件电动葫芦启动后，拉住下吊件带动防护棚提升。

4. 防坠系统

升降式施工防护棚使用变角式防坠器（图6-1-4），使用时用承重销把防坠落装置安装在支座和钢梁指定位置。每个支座安装一套防坠落装置。变角防坠器使用45号钢精铸而成，每套防坠器由一个触发块、一个制动块、一根复位扭簧及一根连接轴组成。扭簧根据弯头的方向安装于制动块的一侧，上升或下降施工时都必须安装整套防坠器及扭簧。其限位装置为导轨背侧的防坠条。

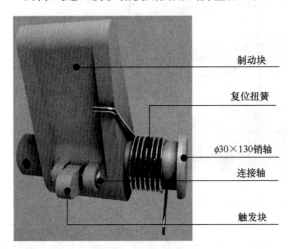

图 6-1-4　变角式防坠器

制动块摆动角度为15°。变角式防坠落装置工作原理：架体提升时，由于扭簧作用使防坠器的制动块远离导轨，使其不与导轨接触，架体提升时防坠器触发块与竖向导轨限位装置（防坠条）相触碰，如图6-1-5，使触发块随竖向导轨一起运动；当防坠条与触发块脱离时，触发块由于自身重力恢复至原位，如图6-1-6，由于触发块的运动轨迹向上不能带动制动块动作，不妨碍架体正常提升。

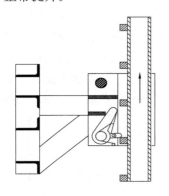

图 6-1-5　防坠器上升工况示意图一

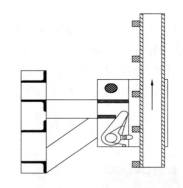

图 6-1-6　防坠器上升工况示意图二

当架体下降施工时，竖向导轨向下运动使触发块随其向下运动，触发器的运动轨迹使制动块开始工作；当架体按照设计速度正常下降时，制动块复位时间为竖向导轨限位器即防坠条刚好通过的时间，如图6-1-7、图6-1-8。但当架体发生意外坠落时，由于重力加速度的存在，架体坠落速度加快，使制动块无法匀速复位，导致竖向导轨防坠条不能通过防坠器制动块，两者相互卡死，完成防坠动作，如图6-1-9、图6-1-10。

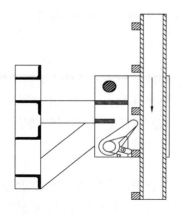

图 6-1-7　防坠器触发示意图一

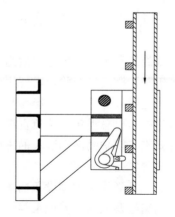

图 6-1-8　防坠器制动示意图二

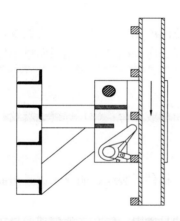

图 6-1-9　防坠器触发示意图三

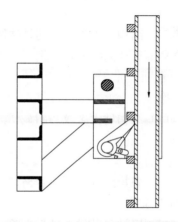

图 6-1-10　防坠器制动示意图四

5. 防护棚系统

防护棚系统由网片支撑骨架、底部横龙骨、冲孔钢板网组成。

网片支撑骨架与水平支撑桁架的连接、底部横龙骨与网片支撑骨架的连接，均为螺栓连接，操作简单，牢固可靠。冲孔钢网抗冲击力强，在冲孔网上再铺设一层密目安全网，可同时防止泥沙等小件杂物从建筑物掉下。每两个网片支撑骨架有一根刚性斜拉杆拉结，可以有效防止网片支撑骨架被网片或其他物品压断。

导轨、提升系统、龙骨板、刚性斜拉等组成的防护棚装置，采用电动葫芦提升防护棚装置，使得防护棚装置通过导轨自由升降，达到防护高处坠物、临边防护的效果。

升降式防护棚提升的基本原理为动滑轮提升重物原理。在建筑结构四周分布爬升机构，附着装置安装于建筑结构上，防护棚架体利用导轮组攀附安装于附着装置的导轮外侧，提升电动葫芦通过提升挂座固定安装在导轮组上，提升钢丝绳悬吊住提升滑轮组件。这样可以实现架体依靠导轮沿导轨上下相对运动，实现导轨式防护棚的升降运动。

第二节 升降式施工防护棚的进场查验

一、升降式施工防护棚进场查验的组织

升降式施工防护棚进场查验，由使用单位会同防护棚产权单位、安拆单位、工程监理单位共同进行，应做好查验记录，经参与查验各方签字后，由防护棚使用单位存档备查。实行施工总承包的，由总承包单位负责组织升降式施工防护棚的进场查验。

二、升降式施工防护棚进场查验的主要内容及评判

（一）相关资料的进场查验

主要是：（1）升降式防护棚设备档案（内容包括进场升降式防护棚的生产厂家、出厂日期、提升机的编号及检修保养记录等信息）；（2）升降式施工防护棚产品型式检验报告；（3）升降式防护棚产品出厂检验合格证书；（4）升降式施工防护棚产品使用说明书。

（二）主要零部件的进场查验及评判

1. 防护系统

主要是：（1）结构件无裂纹、明显锈蚀、扭曲或死弯；（2）焊缝无裂纹；（3）结构件的实际壁厚和截面尺寸的偏差，分别不大于升降式防护棚产品使用说明书中标明的设计壁厚 10% 和设计截面尺寸 5%。

2. 支架系统

主要是：（1）结构件无裂纹、明显锈蚀、扭曲或死弯；（2）焊缝无裂纹；（3）合页安装位置无差错。

3. 附着构件

主要是：（1）各焊点是否焊接合格；（2）结构件无裂纹、明显锈蚀、扭曲或死弯。

4. 动力提升系统

主要是：（1）电动提升设备外壳平整，无明显砂眼、气孔、疤痕或明显机械损伤，不得存在裂纹，铭牌完整清晰；（2）链条不得有开口、反链或锈蚀现象；（3）电动提升设备中导轮部分转动灵活。

第三节 升降式施工防护棚施工现场的安装和拆卸

一、升降式施工防护棚的安装基本程序

（一）安装前的准备工作

1. 编制专项施工方案和安全技术交底

依据《建设工程安全生产管理条例》和住房城乡建设部《危险性较大的分部分项工程安全管理办法》（建质〔2009〕87号文），升降式施工防护棚安拆单位应当编制升降式施工防护棚安装拆卸专项施工方案。对于特殊建筑结构处的升降式施工防护棚的安装拆卸，升降式施工防护棚的安拆单位应当组织专家对升降式施工防护棚安全专项施工方案和升降式施工防护棚生产厂家提供的专项设计计算书进行论证审查。升降式施工防护棚的安装拆卸专项施工方案经施工单位技术负责人、总监理工程师签字后实施，由专职安全生产管理人员进行现场监督。

2. 检查安装场地及施工现场环境条件

主要是：（1）升降式施工防护棚的组装需要一块占地 50m² 的空地，且地面要保持平整状态。（2）为了结构的起吊安全，起吊的最大跨度不得大于 6m。6m 为最大模块，两个模块连接再起吊会导致严重弯曲。（3）为了保证模块间连接，每个模块需空出一个底板，待安装了模块间的连接板之后再铺上。（4）安装刚性斜拉杆，刚性斜拉杆间距不宜超过 3m，做好斜拉后方可使塔吊松绑。

3. 检查安装工具设备、待装零部件及劳保用品

主要是：（1）检查安装拆卸用工具、仪表、设施和设备，并确认其完好。（2）检查安装拆卸作业警示标志，并确认其设置位置适当、醒目。（3）检查安全绳、安全带、自锁器和安全帽，并确认其数量充足，质量符合相关标准规定，且未达到报废程度。

（二）安装作业基本程序

1. 基本结构的安装步骤

主要是：（1）留设附墙支座和提升挂座的预埋孔。在每个机位处均留设两个并排的预埋孔，一个为附墙支座的，另一个为提升挂座的。其中，为了控制轨道走向，附墙支座的预埋孔会将误差控制在一定范围内，提升挂座则相对随意一些。两者不能混用。（2）按照平面布置图的布置尺寸放置竖向导轨和轨道连接件，连墙件采用 M32 的螺栓与结构相连。螺栓两端各加 100mm×100mm×10mm 垫片 1 个，螺母 2 个。（3）安装完成第一步水平防护系统，水平防护系统构件通过螺栓与轨道连接。在安装构件的过程中，需注意导轨与立杆间连接方式，转角处通过特型转角立杆相连。

2. 安装的基本步骤

主要是：（1）选择 2 根长度为 5m、直径不小于 16mm 的钢丝绳和卡环做吊装准备；（2）安装附着导向和卸荷系统；（3）吊装支架导轨系统；（4）用塔吊吊起防护棚，将防护棚与支架导轨系统进行底部第一层连接；（5）装第二层防护棚；（6）安装刚性斜拉杆，如图 6-3-1；（7）安装提升装置；（8）铺设电路；（9）验收检查，进行第一次试提升；（10）拧紧顶撑装置；（11）进行循环提升。

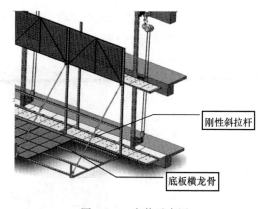

刚性斜拉杆

底板横龙骨

图 6-3-1 安装示意图

3. 安装验收的步骤

主要是：（1）升降式施工防护棚厂家安装完成后自检；（2）填写自检验收记录存档，上报施工单位组织相关人员进行联合检查验收；（3）将检查记录备案，根据检查报告中检查出的问题进行整改，以备复查。

（三）安装后的自检与调试

主要是：（1）由安装单位技术负责人组织安全质量检验员，对安装后的升降式施工防护棚进行自行检查。（2）检查各连接处牢固、无缺失，结构件无破裂脱焊现象。（3）检查电气系统的电源电缆端部正确固定。（4）通电后检查提升机运转正常，防坠系统转动灵活。（5）自检与调试合格后，填写自检报告，报请升降式施工防护棚使用单位会同相关单

位进行检查验收。

二、升降式施工防护棚安装阶段的安全技术措施及注意事项

（一）悬挂机构安装安全技术措施及注意事项

主要是：（1）将下吊件安装在导轨底部，通过高强螺栓连接；（2）将上悬挂件固定于导轨上端（注：上下悬挂件在导轨同侧）；（3）将电动提升系统上挂钩悬挂于上悬挂件，并保证电动提升系统安装牢固；（4）将电动提升系统下挂钩可靠悬挂在导轨下挂件上，保证电动提升系统链条不出现反链、扭链等现象。

（二）防护棚系统及相关部件安装的安全技术措施及注意事项

主要是：（1）附着支承结构处的混凝土实际强度已达到防护棚设计要求；（2）将所有螺纹连接处的螺母拧紧；（3）应撤去的施工活荷载；（4）所有障碍物拆除，同时保证所有不必要的约束解除；（5）动力系统能正常运行；（6）所有操作人员到位，无关人员全部撤离；（7）所有防坠落装置功能正常；（8）周边警戒区域有专人负责看护。

三、升降式施工防护棚的拆卸基本程序

（一）拆卸前的准备工作

主要是：（1）防护棚最上一个附墙件以上架体与结构进行逐层拉结加固，拉结点水平间距不大于6m；对于不能采用拉结加固的部位，采取钢丝绳拉结。（2）清理防护棚上的垃圾杂物，以保证人员在拆除过程中的操作安全。（3）检查附墙件主要承力螺栓承力状况。（4）将附墙架用钢丝绳捆扎在导轨上。（5）根据现场情况与拆除方案进行比对，完善补充原方案中不足的措施，并经过监理单位批准。（6）对操作人员进行拆除安全技术交底。（7）在架体下方用钢管、尼龙兜网、密目网搭设防护挑架，防止物体坠落。（8）整个拆除施工过程中，拆除部位的地面应设置安全警戒线，警戒范围为计划待拆区域正下方以外15m范围及塔吊吊运区域，并设专人看守，防止人员进入拆卸区范围，以确保安全。

图 6-3-2 地面设置安全警戒线并由专人监护

（二）拆卸作业的主要步骤

主要是：（1）先拆除密目安全网和网片，再拆除棚边加固龙骨，接着拆除网片支撑骨架和斜拉钢丝绳。（2）拆除连接防护棚两个机位间的水平横龙骨和水平支撑桁架，然后以两个机位为一组，用塔吊吊到地面。（3）每次拆解时，工作人员应在不分离架体上操作并扎牢安全带。（4）拆除、吊运要绑扎牢固，最大吊运跨度重量为1500kg，需满足吊机重量要求。

四、升降式施工防护棚的拆卸安全技术措施及注意事项

（一）悬挑构件拆卸安全技术措施及注意事项

主要是：（1）拆卸分解后的零部件不得放置在建筑物边缘，须采取防止坠落的措施。（2）零散物品应放置在容器中，避免散落丢失或坠落伤人。（3）拆卸的防护板应码放整齐，不得堆放过高，防止倾倒伤人。（4）不得将任何零部件、工具和杂物从高处抛下。

（二）电气设备拆卸安全技术措施及注意事项

主要是：（1）在拆卸电气设备之前，必须确认电源已经被切断。（2）应由电源端逐步向用电器端进行拆除。（3）将拆下的电控箱放置在不易磕碰的位置，以避免损坏。（4）将拆下的电源电缆卷成直径 60cm 左右的圆盘，并扎紧放置到安全位置。

五、升降式施工防护棚安装和拆卸过程中常见问题的处理

（一）安装过程中常见问题处理

主要是：（1）导轨间安装孔对接错位，使用手拉葫芦进行校正处理。（2）防护棚安装完毕后，离建筑物之间的空隙使用 2mm 花纹板焊接合页进行连接。（3）附着导向系统安装完成后导轮与导轨偏离过远，应重新打孔安装。（4）支架系统在安装过程中出现构件变形，应及时更换构件。

（二）拆卸过程中常见问题的处理

主要是：（1）拆除附着卸荷导向系统时导向系统与导轨卡死，可使用手拉葫芦进行校正。（2）防护棚拆除时，离建筑物之间的空隙使用的 2mm 花纹板影响拆除时可，直接将连接合页进行拆除。（3）塔吊起吊时构件变形，应使防护棚恢复原样，重新进行吊点的选取。

第四节　升降式施工防护棚施工使用前的验收

一、升降式施工防护棚施工使用前的验收组织

《建设工程安全生产管理条例》第 35 条的规定，施工单位在使用升降式施工防护棚前，应当组织有关单位进行验收，也可以委托具有相应资质的检验检测机构进行验收。

使用承租的升降式施工防护棚设备，由使用单位会同防护棚产权单位、安拆单位、工程监理单位共同进行验收；验收合格的方可使用。实行施工总承包的，由总承包单位组织验收。

二、升降式施工防护棚施工使用前的验收程序及主要内容

由升降式施工防护棚的安装单位先行组织自检，安装单位自检合格后，将自检记录存档备查，报请升降式施工防护棚使用单位组织验收。使用单位组织升降式施工防护棚租赁单位、安装单位和工程监理单位共同进行验收；验收合格的升降式施工防护棚，经参与验收各方签字后方可投入使用。验收记录由升降式施工防护棚安装单位、使用单位分别存档备查。升降式施工防护棚安装验收合格后，应当在防护棚显著位置上挂设验收合格牌，标明验收单位、验收人、联系电话，并明确限载重量等。

第五节　升降式施工防护棚的施工作业安全管理

一、升降式施工防护棚安装的安全操作要求

主要是：（1）安装人员必须正确佩戴防护用品，并持证上岗；（2）安装人员无高血

压、心脏病、癫痫病；（3）严禁酒后上岗；（4）禁止在大风、雨雪、雾霾恶劣自然环境下，进行施工防护棚的安装、提升、拆除工作。

二、升降式施工防护棚的安装技术要求

主要是：（1）安装工艺严格按照专项施工方案和技术交底的要求执行，不得私自改动，如遇特殊情况需要调整的，必须经过现场技术管理人员的同意；（2）附着导向系统的安装应严格按照施工方案进行预留尺寸，附着导向系统安装完成后必须保证支座端面与支架系统的接触面保持平行；（3）安装穿墙螺栓时，必须保证丝杆露出螺母 3cm；（4）所有通过螺栓连接的安装孔螺栓必须紧固，并保证定期涂油保养。

三、升降式施工防护棚漏缝检查及处理方法

升降式施工防护棚安装完成后先对防护棚系统进行检查，安装构件间缝隙大于 2cm 时进行弥补，弥补材料使用 2mm 的花纹钢板进行补焊处理。

升降式施工防护棚拐角处的连接异型缝隙用切 45°斜角进行封口处理。

刚性斜拉杆的结构形式为可调节拉杆，通过调节拉杆的长短，亦可调整防护棚的安装缝隙。

第六节　升降式施工防护棚的日常检查和维修保养

一、升降式施工防护棚日常检查的内容和方法

主要是：（1）每个点位上的防坠落装置和附着导向装置是否完整；（2）导轨上附着的垃圾每日应及时清理，不能影响导轨正常工作；（3）升降结束后，及时关闭总电源；（4）升降到位后，必须先确保卸荷系统可靠连接。

二、升降式施工防护棚日常维修保养的注意事项

主要是：（1）电动葫芦必须要有防雨、防潮措施；（2）紧固件、卸荷系统、穿墙螺栓必须涂防锈润滑材料；（3）导轨升降时出现高度偏差，必须及时校正；（4）防护棚上的垃圾，必须每天进行清理；（5）防护棚出现变形的构件，必须及时修正或更换；（6）动力提升系统的传动构件必须定期上油，保证传动顺畅；（7）预埋孔位出现移位时，必须重新打孔，绝不允许强行安装；（8）导轮、导轨必须定期清理附着的垃圾，并做涂油处理。

第七章　升降式施工爬梯

第一节　概　　述

一、升降式施工爬梯的发展概况

升降式施工爬梯（简称升降爬梯），是用于地铁、高架桥、工业与民用建筑等施工人员直接通往作业面的专用设施。升降式施工爬梯是通过附着装置固定于建筑物或构筑物上，利用升降动力设备，随工程进度沿建筑物上下的施工机械设备。

原有的施工爬梯是用普通钢管扣件搭设的可供施工人员通行的简易脚手架，其施工难度大，安全防护系数低，需要随建筑物高度不断搭设，难以满足一线施工的要求。当前城市建设和地下空间开发的步伐不断加快，建筑工程正朝着"密、深、大"的方向发展，由此带来的安全问题也将越来越多。升降式施工爬梯解决了这一难题，其操作难度低，安全防护系数高，得到了市场认可。

在建筑施工防护领域内，升降式施工爬梯与普通钢管扣件搭设的简易楼梯相比有其很大的优势：技术先进性方面，升降式施工爬梯的构件由专业厂家制作，其强度、刚度和稳定性均须符合国家标准规定，降低了对施工人员的要求，无高处作业，安拆不需要专业工种；安全性方面，空间封闭降低了高处坠物等一系列的安全隐患，防火抗冲击性能得到了很高的提升；在实用性方面，可满足不同的结构施工，能随施工进度进行升降；经济适用性方面，使用寿命长，成本较低，安拆费用低，提高了施工人员的工作效率，后期使用过程中维护费用低，与钢管脚手架搭设的楼梯相比较，降低用工量、提高劳动效率，节约费用 30%～50%，随着建筑高度的增高，其经济效益更为明显；在节能环保方面，可节省社会资源，重复使用率及使用寿命明显比普通钢管脚手架长，安拆过程中可节约大量的人力资源。

二、升降式施工爬梯的种类及基本构造原理

（一）升降式施工爬梯的种类

按动力设备，升降式施工爬梯可分为液压和电动两类，目前应用最广的是电动升降式施工爬梯。

（二）升降式施工爬梯的构造原理

升降式施工爬梯主要由导轨、附着装置、防护构件、防倾、防坠落装置、提升动力设备及智能电器控制系统等构成，如图 7-1-1。

1）升降式施工爬梯的导轨具有足够的强度和适当的刚度，可承受升降式施工爬梯的自重施工荷载，并能保证升降式施工爬梯在提升或下降过程中沿直线轨迹运动。

2）附着装置是升降式施工爬梯为了确保其在任何工况下处于稳定状态，避免晃动和抵抗倾覆作用，满足各种工况下支承、防倾和防坠落的承力要求。最常见的附着系统，一

般由型钢制作而成，如图 7-1-2。

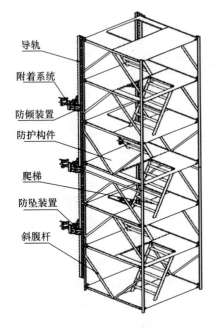

导轨
附着系统
防倾装置
防护构件
爬梯
防坠装置
斜腹杆

图 7-1-1 升降式施工爬梯的构造图

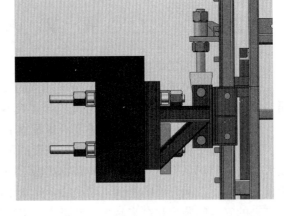

图 7-1-2 附着装置图

3）防护构件是升降式施工爬梯沿建筑物外围形成一个封闭空间，并通过设置有效的安全防护，确保升降爬梯上的施工人员安全，防止高处坠物伤人事故的发生。防护系统还设置操作平台供施工人员操作和休息使用，如图 7-1-3 和图 7-1-4。

图 7-1-3 操作平台实例一

图 7-1-4 操作平台实例二

4）防坠落装置和防倾覆装置。防坠落装置是升降式施工爬梯在悬空以后防止其坠落的装置；防倾装置是控制其水平位移及内外倾覆的装置，如图 7-1-5 和图 7-1-6。

5）提升动力设备，包括升降式施工爬梯爬升或降落时提供动力的装置及悬挂动力提升设备组件，常见的提升动力设备有电动葫芦及液压装置，如图 7-1-7。

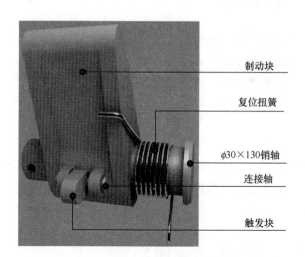

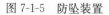

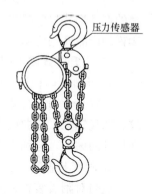

图 7-1-5 防坠装置   图 7-1-6 防倾装置   图 7-1-7 电动葫芦

6）智能电器控制系统是确保实现同步提升和保证提升安全的设备。升降同步的智能控制能实现自动显示、自动调整和遇故障自停的要求，如图 7-1-8 和图 7-1-9。

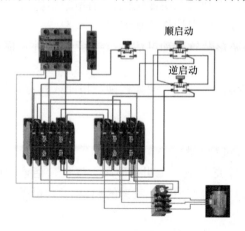

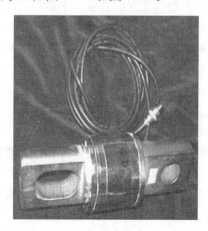

图 7-1-8 智能电器控制系统   图 7-1-9 感应器

第二节　升降式施工爬梯的进场查验

一、升降式施工爬梯进场查验的组织

（一）进场查验的组织

升降式施工爬梯的进场查验，由其使用单位会同产权单位、安拆单位、工程监理单位共同进行，并做好查验记录，经参与查验各方签字后，由升降式施工爬梯参与验收各方存档备查。实行施工总承包的，由总承包单位负责组织升降式施工爬梯的进场查验。

（二）进场查验的基本工具

使用钢板尺、钢卷尺和游标卡尺等通用量具。

二、升降式施工爬梯的进场查验的主要内容及评判

（一）相关资料的进场查验

主要是：（1）升降式施工爬梯设备档案（包括进场升降式施工爬梯的生产厂家资质证件、出厂日期、提升系统和安全系统的编号及检修保养记录等信息）；（2）升降式施工爬梯的产品型式检验报告；（3）升降式施工爬梯的产品出厂检验合格证书；（4）升降式施工爬梯的产品使用说明书；（5）升降式施工爬梯的出场检验记录。

（二）升降式施工爬梯进场查验

1. 导轨、防护构件的查验

主要是：（1）外观平整，无明显损伤；（2）运动部件无阻卡现象；（3）结构件无裂纹、明显锈蚀、扭曲或死弯；（4）焊缝无裂纹且无虚焊漏焊；（5）结构件的实际壁厚和截面尺寸的偏差，分别不大于国家规范的要求。

2. 附着装置的查验

应当对附着装置、卸荷装置、防坠落装置、防倾覆装置进行查验：

（1）附着装置的查验。主要是：1）主受力结构件无裂纹、明显锈蚀、扭曲或死弯；2）焊缝无裂纹且无虚焊漏焊；3）结构件的实际壁厚和截面尺寸的偏差，不大于国家规范要求。

（2）卸荷装置的查验。主要是：1）结构件无裂纹、明显锈蚀、扭曲或死弯；2）焊缝无裂纹；3）无局部被压扁、严重扭结、弯曲或被电焊灼伤等缺陷。

（3）防坠落装置的查验。主要是：1）防坠落装置转动灵活；2）无严重的外观损坏现象等；3）防坠落装置构件齐全。

（4）防倾覆装置的查验。主要是：1）结构件无裂纹、明显锈蚀、扭曲或死弯；2）焊缝无裂纹且无虚焊、漏焊。

3. 提升动力装置的查验

应当对提升动力装备、提升动力悬挂装置进行查验：

（1）提升动力设备的查验。主要是：1）外壳平整，无明显砂眼、气孔、疤痕或明显机械损伤、不得存在裂纹、铭牌完整清晰；2）不得有扭链、咬链的现象；3）链条无明显损伤。

（2）提升动力悬挂装置的查验。主要是：1）构件是否变形，孔位及焊接零件基本位置是否正确；2）构件喷漆是否均匀，不得有漏漆、留痕或表面粘连物；3）焊缝是否符合要求，不得有缺焊、漏焊、气孔、夹渣等现象。

4. 智能电器控制系统的查验

主要是：（1）电控箱外壳平整，无明显变形，门锁完好无损；（2）电控箱内元器件完好无损，布线规则整齐，不存在飞线现象；（3）行程开关、按钮、旋钮、指示灯、插座完好无损；（4）电缆线绝缘外皮无严重破损或挤压变形，电源电缆不存在中间接头。

第三节　升降式施工爬梯的施工现场安装和拆卸

一、升降式施工爬梯的安装基本程序

（一）安装前的准备工作

1. 编制专项施工方案

依据《建设工程安全生产管理条例》和住房城乡建设部《危险性较大的分部分项工程安全管理办法》（建质〔2009〕87号），升降式施工爬梯的安拆单位应当编制升降式施工爬梯安装拆卸专项施工方案。专项施工方案中，应有特殊部位的处理方法和特殊部位处计算过程，应急预案中要有负责人员姓名及联系方式。对于特殊建筑结构或者升降爬梯的安装高度大于24m的，安拆单位应当组织专家对升降式施工爬梯安全专项施工方案和生产厂家提供的专项设计计算书进行论证审查。升降式施工爬梯的安装拆卸专项施工方案经施工单位技术负责人、总监理工程师签字后实施，由专职安全生产管理人员进行现场监督。

升降式施工爬梯的安装拆卸专项施工方案的主要内容应包括：（1）工程概况，主要是升降式施工爬梯安装位置平面布置图、施工要求和技术保证条件；（2）编制依据，主要是相关法律、法规、规范性文件、标准规范及建筑、结构图纸等；（3）安装拆卸施工计划，主要是施工进度计划、材料与设备计划；（4）安装拆卸工艺技术，主要是技术参数、作业流程、施工方法、检查验收等；（5）施工安全保证措施，主要是组织保障、技术措施、应急预案、监测监控等；（6）劳动力计划，主要是安全生产管理人员、现场指挥人员、安装拆卸作业人员等；（7）设计计算，主要是特殊位置的受力及抗倾覆分析与计算。

2. 检查安装场地及施工现场环境条件

重点是：（1）运输升降式施工爬梯零部件的车辆进场路线与卸料场地的安全性；（2）现场供电和配电应符合规范要求；（3）升降式施工爬梯安装位置与输电线之间的安全距离应不小于10m；（4）升降式施工爬梯安装位置与塔机、施工升降机、物料提升机之间应保持安全距离；（5）附墙装置安装位置的建筑物混凝土强度不得低于C10。

3. 检查安装工具设备、待装零部件及劳保用品

重点是：（1）检查安装拆卸用工具、设施和设备，并确认其完好；（2）检查安装拆卸的作业警示标志，并确认其设置的位置适当、醒目；（3）检查安全绳、安全带和安全帽，并确认其数量充足，质量符合相关标准规定，且未达到报废程度。

（二）安装作业基本程序

1. 导轨与防护构件的安装步骤

主要是：（1）安装前应检查构配件的焊接质量、几何尺寸，合格后方可安装；（2）尽量找平整的硬化地基面，按设计图纸将导轨与及防护构件组装成整体；（3）将导轨、斜腹杆、外防护网、爬梯、操作平台等构件进行组装连接，连接螺栓不要完全紧固，依次连接好后续构件后调整构件位置，再将所有的连接螺栓全部拧紧，如图7-3-1。

2. 附着装置的安装步骤

主要是：（1）附着装置在安装前，根据建筑物施工进度先进行预埋，预埋使用的套管一般用PVC管，为防止PVC管在混凝土浇筑时出现破损或移位现象，预埋前应将PVC管中装填木屑，两头用胶带进行封堵，PVC管绑扎必须牢固可靠，预埋管必须与钢筋绑扎牢固，绑扎使用铁丝或直接用钢筋架焊接的方式进行；（2）如果预埋偏差超出预埋尺寸40mm以上时，应重新打孔，不得使用错位孔对附着装置进行强行安装；（3）预埋管件长度尺寸必须与相应位置墙、梁、楼板的宽度或厚度一致；（4）附着装置安装时，底部必须与相应位置墙、梁、楼板贴实，附着装置不得出现抬头低头错位的现象；（5）附着装置安装完成后，穿墙螺栓必须保证外漏3～5丝，附墙支座预埋安装如图7-3-2。

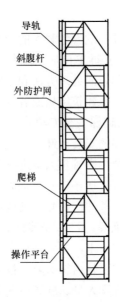

图 7-3-1 导轨与防护
构件的安装示意图

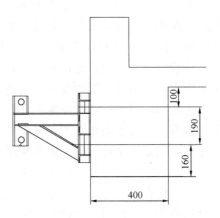

图 7-3-2 附墙支座预埋安装示意图

3. 提升动力装置的安装步骤

主要是：（1）用螺栓将上悬挂件安装在竖向导轨的一侧，螺栓必须紧固可靠；（2）用螺栓将下悬挂件安装在竖向导轨相同侧；（3）悬挂提升动力设备，将提升动力设备的吊钩安装在上悬挂件上，使其安装牢固可靠不得有晃动，如图 7-3-3；（4）将提升动力设备安装好到位后，拉动电葫芦链条时，注意观察链条是否有扭转现象，链条捋顺后将下挂钩挂于下悬挂件上，如图 7-3-4。

图 7-3-3 上悬挂安装示意图

图 7-3-4 下悬挂安装示意图

4. 智能电器控制系统安装

（1）主电源线采用国标 $3 \times 6 + 2 \times 2.5$ 三相五线电缆线，分电源线采用国标 $3 \times 1.5 + 1$ 三相五线电缆线；（2）主电源与电控柜的连接处要设置分电箱，分电箱内设置分控开关及过流保护器；（3）主电源通电，检查提升动力设备的电路相序，保证每台提升设备上升或下降方向一致，与电控柜控制面板上的提升或下降标识一致；

（三）安装后的自检与调试

由安装单位技术负责人组织安全员、施工班组长对安装完成后的升降式施工爬梯进行自检。重点是：（1）检查提升动力设备悬挂机构各连接处是否牢固，杆件有无缺失；结构件无破裂脱焊现象。（2）检查电缆连接、分控连接、总控接线是否正确，检查维修总、分控制箱各开关保护元器件是否工作正常。（3）检查总控分控操作指令是否一致，检查控制系统是否正常。（4）预紧电葫芦，注意预紧不能同时进行，必须单机单个依次预紧，预紧操作人员指定一人操作，以保证电葫芦链条受力均匀，预紧过程必须保证电葫芦不得有扭链、咬链和翻链现象。（5）检查并拆除清理所有平台与建筑物连接的临时拉结及影响提升的构件材料，以确保提升过程顺利进行。（6）检查所有附着装置、防坠落装置、提升动力装置及障碍物清理情况，完成后组织检查和提升观察分工，准备提升。（7）通电将升降式施工爬梯试提升 2～3cm 后停止，再次检查所有构件进行验收，验收完成后确保所有构件正常，将总控箱漏电保护开关置于断开状态，同时将升降平台的总线插头拔出。（8）自检与调试合格后，填写自检报告，报请升降式施工爬梯的使用单位会同相关单位进行检查验收。

二、升降式施工爬梯拆卸的基本程序

（一）拆卸前的准备工作

1. 操作人员要求

主要是：（1）参加平台拆除人员必须有经过培训的熟练操作工人；（2）相关操作人员进入施工现场必须按规定佩戴安全帽、安全带及相关防护用品；（3）安装拆卸作业人员指挥分工明确；（4）充分了解安装升降爬梯的结构特点及安装步骤；（5）安装拆除应每天对操作人员进行一次交底；（6）特殊部位的安装拆除，应有专业技术人员进行指导；（7）安装拆卸前，必须有安全操作规程和应急预案。

2. 拆除前准备

主要是：（1）升降式施工爬梯拆除前，项目部对所有相关人员及参与该项施工操作人员召开现场管理及技术交底会议，明确管理组织及操作人员操作岗位；（2）升降式施工爬梯拆除前，须检查每个附着装置的卸荷装置是否可靠，是否符合安装要求，并对升降式施工爬梯进行加固；（3）在升降式施工爬梯的地面 15m 位置设立警戒区；（4）在警戒区明显位置设立警戒标示牌，并明确警戒区的安全巡视员；（5）所有操作人员进入作业位置前，必须严格检查自己的安全防护用品（防护用具是否合格，安全带佩戴是否可靠），并填写防护用品使用记录；（6）每天进入拆除区域前，须系统地检查升降式施工爬梯的连接是否可靠，加固有无松动、移位或被拆除等现象。

（二）拆卸时的注意事项

（1）拆除时，必须要做好工地的协调工作，待外围所有准备工作全部完成后再进行拆除作业。

（2）遇到六级以上大风、下大雨、大雾、结冰，以及视线不清、天黑等情况，坚决不能进行拆除作业。

（3）拆除操作人员必须服从工地的安全管理，如有酗酒、懒散、疲倦、精神状态差等不得上岗作业。

（4）在拆除过程中，项目安全管理人员和相关技术人员必须做好全面的协调指导工作，针对每一个操作细节进行严格的监督控制。

（5）遇到突发事件或技术问题时，必须停止拆除作业，并及时向上级反映，由相关负责人进行协调解决，绝不允许私自做主，在相互协调不统一的情况下进行任何拆除环节的作业，以防出现安全事故。

（三）拆卸作业的主要步骤

（1）拆除前先对升降式施工爬梯进行加固。

（2）用塔吊吊住要拆除部位的升降式施工爬梯，然后拆除要吊装部位的连接件。上部没有完全拆除前，严禁对下一部平台进行拆除。

（3）用塔吊吊住中部要拆除部位的升降式施工爬梯，然后断开要拆除部位的连接件与导轨、外防护网斜腹杆等所有螺栓，拆除附着装置后吊装下来。中部没有完全拆除前，严禁对底部升降式施工爬梯进行拆除。

（4）用塔吊吊住底部拆除部位的升降式施工爬梯，拆除附墙支座后吊装下来。在该操作过程中，拆除附墙装置的操作人员不得站在升降式施工爬梯上进行拆除作业，必须保证起吊钢绳完全拉紧后，从建筑物内侧拆除穿墙螺栓螺帽。

（5）起吊前，必须保证塔吊使用的四根等长的起吊钢丝绳受力平衡，以防止升降式施工爬梯脱离主体后倾翻。同时，起吊前将备用的麻绳绑在升降式施工爬梯立杆中下部，起吊后从楼内拽住升降式施工爬梯，防止升降式施工爬梯大幅度晃动，以保证安全。待升降式施工爬梯吊离建筑物5～7m左右时，麻绳可同时松开，将脱离主体的升降式施工爬梯安全吊入指定位置。

（6）在升降式施工爬梯预紧和脱离建筑物时，塔吊吊装必须缓慢进行，吊点位置要适当，确保塔吊将升降式施工爬梯吊起时保持其在空中平衡。用麻绳绑住要吊离升降式施工爬梯的两端，防止升降式施工爬梯大幅摇摆晃动，然后拆除附墙装置、升降式施工爬梯与建筑物的拉结点等其他连接材料；将升降式施工爬梯分部依次吊至地面后进行拆除，并将拆除的部件清理干净、归类放置，做好必要的防锈处理。拆除下的部件要轻拿轻放，不要乱扔乱摔，以免损坏构件。

第四节　升降式施工爬梯的施工作业安全管理

一、升降式施工爬梯的安全操作要求

1. 提升前

各工艺阶段一定严格按照施工安全技术交底进行。提升作业时，所有施工人员必须定岗定责，不得随意流动。

2. 提升时

主要是：（1）必须按提升操作流程进行；（2）提升过程中，操作人员不得停留在升降式施工爬梯上；（3）升降过程不得有施工载荷；（4）提升前必须清除所有障碍物，绝对不允许边提升边拆除；（5）每次提升前，施工项目安全技术人员必须同施工负责人进行全面检查，合格后方可进行提升操作，提升到位后必须进行恢复验收，每次验收必须履行签字确认手续；（6）预埋尺寸必须按照技术要求进行，绝对不允许私自设置，如发现预埋偏差过大，坚决不允许强行安装附着装置；（7）所有附着装置必须保证每个安装两根穿墙螺栓，每根螺栓必须保证垫板垫块靠实，两端螺栓必须露出螺帽3丝以上，每根螺栓必须保证有弹簧垫片或双螺母；（8）附着装置底板必须与墙体或梁体贴实，不得有扭转或抬头低头现象；（9）所有防坠器必须保证在任何时候都可靠的安装在附着装置上，绝对不能随意拆除；（10）任何时候必须保证每榀竖向导轨最少有 2 个附着装置，同时所有附着装置上必须将卸荷装置可靠地安装到位；（11）每次提升完成后，必须对智能电器控制系统及分控制箱完全断电。

3. 使用时

主要是：（1）禁止在升降式施工爬梯上拉结吊装绳索；（2）禁止利用升降式施工爬梯调运物料；（3）禁止任意拆除升降式施工爬梯构件或松动连接件；（4）禁止拆除或移动升降式施工爬梯上的安全防护设施；（5）禁止利用升降式施工爬梯支撑模板或卸料平台。

二、升降式施工爬梯现场安全管理

（1）每次检查时，施工项目部的安全技术人员、施工负责人、班组长必须参加，并对整改内容进行落实签字。

（2）所有隐患必须及时整改，项目部的安全技术负责人和施工负责人必须在整改单要求的时间内及时监督整改力度和方法，在整改要求的时间组织复查验收，并签字确认。

（3）在检查过程中发现重大安全隐患，如仅一根螺栓施工、附着装置数量不足或没有受力、导轨变形、构件严重损坏、防护不到位等，必须立即整改，现场管理人员必须亲自监督整改。

（4）施工负责人必须保证各岗位施工人员固定不变。

（5）升降过程中，距升降式施工爬梯 15m 以内为警戒区，不得有人员停留，升降作业时严禁任何人员进入警戒区。

（6）严格按照施工方案以及升降式施工爬梯的搭设安装规范进行施工。

（7）加强安全管理，纠正违章作业。

（8）加强员工培训及安全教育，不适应高空作业者不得上升降式施工爬梯操作。

（9）工作时间，必须戴好安全帽、佩好安全带，工具及零配件要放在工具袋内，穿防滑鞋工作，袖口、裤口要扎紧。

（10）雨雪天、六级以上大风天气影响施工安全时，不得进行升降式施工爬梯的提升与拆除工作。

（11）严禁在升降式施工爬梯的操作平台上堆放杂物。

（12）必须配备足够的灭火安全器材，建立义务消防队。

第五节　升降式施工爬梯的施工现场日常检查和维修保养

一、升降式施工爬梯日常检查的内容和方法

（一）动力提升设备的日常检查

主要是：（1）提升动力设备运转是否正常，有无异响、异味或过热现象。（2）检查提升动力设备链条有无扭链、咬链等现象。（3）检查电缆线是否有破损。（4）检查上挂钩、下挂钩是否悬挂牢固可靠。

（二）防坠落装置的日常检查

主要是：（1）检查防坠落装置动作是否灵敏可靠。（2）检查防坠落装置的弹簧有无锈死。（3）检查防坠落装置承重销是否可靠连接。（4）检查防坠落装置的安装位置有无裂纹、变形、松动。

（三）提升动力设备悬挂构件的日常检查

主要是：（1）检查固定螺栓是否有松动。（2）检查构件有无变形、裂纹及局部损伤。

（四）防护构件的日常检查

主要是：（1）检查结构件有无弯扭或局部严重变形，焊缝有无裂纹。（2）检查紧固件是否齐全、牢靠。（3）检查操作平台底板、爬梯是否牢靠。

（五）电气系统的日常检查

主要是：（1）检查各插头与插座是否松动。（2）检测保护接地和接零是否正常。（3）检查电缆线的固定是否可靠，有无损伤。（4）检查漏电保护开关是否灵敏有效。（5）检查各开关、控制箱和操作按钮动作是否正常。

二、升降式施工爬梯日常维修保养的注意事项

主要是：（1）所有螺栓应定期进行涂油保养，并定期重新进行紧固；（2）动力提升设备应有防雨防尘措施；（3）电缆线应穿入 PVC 管中进行保护；（4）定期对升降式施工爬梯进行垃圾清理。

三、升降式施工爬梯安装和拆卸过程中常见问题的处理

1. 安装过程中常见问题的处理

主要是：（1）竖向导轨与防护构件安装时工艺孔错位。可将已经紧固好的螺栓进行松动，重新调整水平平整度。（2）附着装置安装时与竖向导轨偏差过大。出现此类情况时，禁止强行安装以免损坏构件，在偏差过大无法调整的情况下应重新打孔进行安装。（3）提升动力设备安装时出现扭链、翻链等现象。应当提前进行链条安装。

2. 拆除过程中常见问题的处理

主要是：（1）拆除前未对升降式施工爬梯进行加固，在起吊时未拆除部分晃动严重。应当及时进行加固处理。（2）拆除时部分构件螺栓拆除不了。应当重新调节，使构件在未受力情况下进行拆除。

第八章 外挂防护架

第一节 概 述

一、外挂防护架的发展概况

外挂防护架是用于建筑主体施工临边防护而分片设置的外部防护架。每片防护架由架体、钢结构构件及预埋件组成。架体一般为钢管扣件式单排架，通过扣件与钢结构构件连接；钢结构构件与设置在建筑物上的预埋件连接，将防护架的自重及使用荷载传递到建筑物上。在使用过程中，利用起重设备为提升动力，每次向上提升一层并固定；当建筑主体施工完毕后用起重设备将防护架吊至地面并拆除。该防护架适用于层高不大于 4m 的建筑主体施工。

近十年来，国内高层、超高层建筑外墙材料绝大多数采用涂料，而目前涂料施工的最好机具是吊篮，在外墙施工阶段传统的施工脚手架已逐步被吊篮所取代。但是，在一定时期专用于建筑主体施工阶段的防护脚手架还是一个空白领域，外挂防护架便应运而生。2005 年外挂防护架于重庆诞生，专门用于建筑主体施工阶段的防护。2008 年重庆市建委针对防护架技术有利于提高高层建筑施工效率、安全性高、经济性好、适用性强等特点，组织专家进行评审，于同年颁布并实施了地方标准《建筑主体施工 FJ 型专用防护架应用技术规程》（DBJ/T 50—087—2008）。由此，外挂防护架开始在西南地区大面积推广使用，覆盖了重庆、四川、云南、贵州等省市。随着该类防护架的市场影响逐渐扩大，2010 年被纳入行业标准《建筑施工工具式脚手架安全技术规范》（JGJ 202—2010）中，并更名为"外挂防护架"。

外挂防护架具有以下特点：1）分片设立，利用起重设备（如塔吊）作为提升动力进行提升，待建筑主体封顶后吊运至地面拆除，有效规避了传统脚手架在高处临边反复搭拆的操作风险；2）提升一片架体只需 3～5min，完成一层楼的提升不超过 2.5～3h，可轻松满足 3～4d 一层楼的施工进度；3）相比其他传统工艺，节省约 60% 周转材料；4）相比其他传统工艺，降低工人劳动量约 60%～80%；5）是标准化、定型化、工具化的产品，操作简单，适用于不同类型建筑物主体施工阶段的安全防护。

2013 年重庆地区又研发出第二代外挂防护架，即具有导向提升功能的外挂防护架（又叫导向式外挂防护架）。在保留原有外挂防护架特点的基础上，又新增以下特点：1）导向、垂直提升；2）提升到位后无需人工辅助安装，可自动定位受力；3）架体水平高差可调节。外挂防护架由于安全性好、操作便捷、劳动强度低、成本低廉，对操作人员及管理环节适应性强，填补了目前国内高层施工脚手架向建筑主体防护脚手架领域转换的市场空白。自问世以来，在行业中得到了较好认同，具有较大的发展前景。

二、外挂防护架的常见种类及基本构造原理

（一）外挂防护架的常见种类

根据其提升是否具有导向功能，可分为无轨提升式、导向提升式两大类。

1. 无轨提升式

在提升工况时，三角臂及连墙件从预埋件中取出，分别绕竖向桁架旋转90°。此时，架体与建筑物无任何连接，在风力作用下可能会发生摇晃，不能控制其提升轨迹。

2. 导向提升式

在提升工况时，其三角臂固定于建筑物上，通过三角臂上的导向装置与桁架导轨的配合，实现导向提升，如图8-1-1所示。

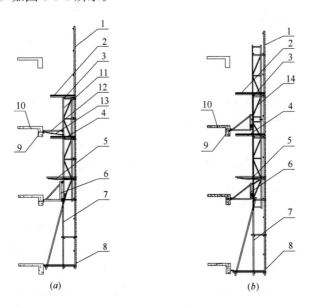

图 8-1-1　两种不同提升形式的架体断面构造图

（a）无轨提升式的架体断面构造图；（b）导向提升式的架体断面构造图

1—密目安全网；2—施工层水平防护；3—相邻桁架之间连接钢管；

4—水平硬防护；5—水平软防护；6—三角臂；7—架体；

8—挡脚板；9—预埋环；10—建筑物；11—竖向桁架；

12—刚性连墙件；13—柔性连墙件；14—导轨式桁架

（二）外挂防护架的基本构造及原理

1. 无轨提升式外挂防护架

每片防护架由架体、钢结构构件及预埋件组成，片与片之间由钢管扣件连接。架体一般为钢管扣件式脚手架，通过扣件与钢结构构件连接。钢结构构件包括竖向桁架、三角臂、连墙件；竖向桁架与架体连接，承受架体自重和使用荷载；三角臂连接支承竖向桁架，通过与建筑物上预埋件的临时固定连接，将竖向桁架、架体自重及使用荷载传递到建筑物上；连墙件一端与竖向桁架连接，另一端与建筑物上的预埋件连接，可起防止架体倾覆的作用。

在使用过程中，利用起重设备（塔吊）为提升动力，每次分片向上提升一层并固定；建筑主体施工完毕后，用起重设备（塔吊）将防护架分片吊至地面并拆除。

2. 导向提升式外挂防护架

每片防护架由架体、钢结构构件及预埋件组成，片与片之间由钢管扣件连接。架体一般为钢管扣件式脚手架，通过扣件与钢结构构件连接。钢结构构件包括导轨式桁架、三角臂，导轨式桁架与架体连接，承受架体自重和使用荷载；固定状态下，每榀导轨式桁架上安装两个三角臂，底部的三角臂支承导轨式桁架，通过与建筑物上预埋件的临时固定连接，将导轨式桁架、架体自重及使用荷载传递到建筑物上；上一层三角臂一端与导轨式桁架连接，另一端与建筑物上的预埋件连接，可起防止架体倾覆的作用。

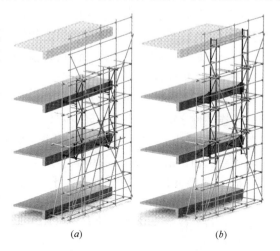

图 8-1-2　外挂防护架示意图

(a) 无轨提升式示意图；(b) 导向提升式示意图

在使用过程中，利用起重设备（塔吊）为提升动力，每次分片向上提升一层并固定。提升过程中，架体可沿桁架导轨定向垂直起升，到位后无需人工辅助安装便自动定位受力，且每片架体水平高差可调节；建筑主体施工完毕后，用起重设备（塔吊）将防护架分片吊至地面并拆除。

第二节　外挂防护架的进场查验

一、外挂防护架进场查验的基本方法

（一）进场查验的组织

按照《建设工程安全生产管理条例》第 34 条的规定，施工单位应当对采购、租赁的外挂防护架在进入施工现场前进行查验，并且安排专人进行管理，定期进行检查、维修和保养，建立相应的资料档案。

（二）进场查验的基本工具

施工单位进行进场检验的基本工具，包括卷尺、扳手、游标卡尺。

（三）进场查验的评判方法

1. 目测

通过肉眼观察，看被检测钢结构构件及材料是否变形。

2. 测量

通过卷尺、游标卡尺等，测量钢结构构件及材料尺寸是否符合要求。

3. 检查配合安装

抽样组装几个重要构件的连接，检查是否能正常装配。

二、外挂防护架进场查验的主要内容

施工单位应做进场检验，重点是检验相关资料、查看外观质量等。

（一）相关资料的进场查验

1. 外挂防护架的钢结构构件

应具有由产权单位委托国家法定检测机构出具的有效的合格检验报告，钢结构构件产权单位的相应资质证书、产品出厂合格证。

2. 架体钢管、扣件、脚手板等其他安装架体的所需材料

按照《建筑施工扣件式钢管脚手架安全技术规范》（JGJ 130）的规定，应具有产品质量合格证明文件、检测资料（比如钢管、扣件理化试验报告）。

（二）外观、连接节点、尺寸允许偏差的进场查验

1. 外挂防护架钢结构构件

主要是：（1）外观无明显变形。（2）无轨提升式外挂防护架的竖向桁架与三角臂、竖向桁架与连墙件之间的连接节点转动灵活；导向提升式外挂防护架的三角臂能沿导轨式桁架的导轨自由滑动。（3）尺寸允许偏差：竖向桁架及导轨式桁架长度允许偏差不大于10mm，宽度允许偏差不大于5mm；三角臂长度允许偏差不大于10mm，高度允许偏差不大于5mm；连墙件长度允许偏差不大于10mm。

2. 架体钢管、扣件、脚手板等其他安装脚手架材料

应符合行业标准《建筑施工扣件式钢管脚手架安全技术规范》（JGJ 130）的有关规定。依据相关法律、法规的规定和施工方案等，对进场材料外形等通过目测进行表观质量初步评判；通过测量收集相关数据并与其对应的允许偏差值对照，作进一步评判。

第三节 外挂防护架施工现场的安装、提升和拆卸

一、外挂防护架的安装基本程序

外挂防护架的安装基本程序，主要包括安装前准备工作及安装基本操作两部分。

（一）安装前准备工作

1. 安装单位

根据《建筑业企业资质标准》（建市〔2014〕159号）要求，安装单位必须是具有建筑工程施工总承包资质或模板脚手架专业承包资质、施工劳务企业资质的企业。

2. 人员准备

（1）施工管理人员，必须熟悉外挂防护架施工工艺；（2）操作人员，根据《建筑施工扣件式钢管脚手架安全技术规范》（JGJ 130）规定，必须是经考核合格的专业架子工且应持证上岗。

3. 材料准备

根据周转材料规格表，准备钢管、扣件、密目安全网、竹跳板、九夹板等材料。

（二）安装基本操作

1. 无轨提升式外挂防护架的安装基本操作

在建筑外围进行现场安装，其安装步骤如下：

（1）根据专项施工方案平面图，确定安装架体的位置和纵向水平杆的尺寸。

（2）在楼板上埋设地锚环（离梁外边距离不小于1.5m，地锚环水平间距不大于2m），选用2～6m的钢管作为扫地杆；选择3.5～4m钢管作为挑杆，挑杆间距为1.8～2m；选择4m钢管作为辅助架斜撑杆，间距2m左右；选择与架体长度一致的钢管作为辅助架外排纵向水平连接杆（此杆件也是架体第一步外排纵向水平杆，确定每片防护架的位置），

离墙间距 1450mm；安装辅助架，利用辅助架为安装平台进行架体的安装，如图 8-3-1 所示。

（3）安装第一至第五步架，顺序是：通过直角扣件将中排及内排纵向水平杆分别安装在辅助架挑杆上，中排纵向水平杆距离建筑物边缘 1000mm，内排纵向水平杆距离建筑物边缘 50mm；选择 4.5m 及 6m 钢管作为外排立杆交错布置，选择 4m 及 6m 钢管作为内排立杆交错布置，用直角扣件将内排立杆连在内排纵向水平杆内侧，外排立杆连接在外排纵向水平杆外侧；选择相应长度钢管作为内、外排纵向水平杆，安装第二至第五步架，相邻纵向水平杆步距根据实际情况确定，且不小于 740mm；安装第三步纵向水平杆后应安装连墙杆，一端通过直角扣件与对应建筑物层扫地杆相连，另一端通过直角扣件与架体第三步外排纵向水平杆相连；第五步纵向水平杆后应安装防倾剪力杆，一端通过直角扣件与对应建筑物层扫地杆相连，另一端通过直角扣件与架体第五步外排纵向水平杆相连；铺设底部脚手板或木方、九夹板，如图 8-3-2 所示。

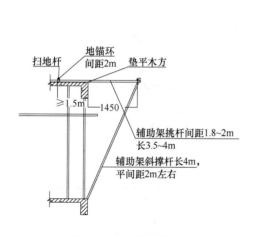

图 8-3-1　安装辅助架

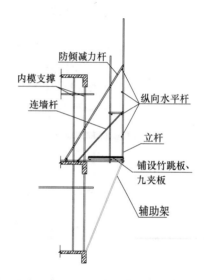

图 8-3-2　安装第一至第五步架

（4）安装第六至第十步架，顺序是：选择相应长度钢管作为内、外排纵向水平杆，安装第六步外排纵向水平杆，与第五步外排纵向水平杆间距 880mm；将竖向桁架用起重设备（塔吊）吊至安装位置，用扣件将竖向桁架的连接杆与架体的第五、六步纵向水平杆相连；竖向桁架安装后应安装连墙杆，一端通过直角扣件与对应建筑物层扫地杆相连，另一端通过直角扣件与架体第六步外排纵向水平杆相连；选择 4.5m 及 6m 钢管作为外排立杆交错布置，选择 4m 及 2m 钢管作为内排立杆交错布置，通过对接扣件接长立杆；安装第七至第十步外排纵向水平杆及桁架底部、中部及顶部连接杆，相邻外排纵向水平杆间距为 880mm，每步纵向水平杆均位于竖向桁架连接杆上方；选择 1.5m 钢管作为横向水平杆，通过直角扣件将水平尼龙网层及中间操作层横向水平杆安装在对应位置的纵向水平杆之上；选择 4m 钢管作为底部小斜杆，一端通过直角扣件与架体底部内排纵向水平杆相连，另一端通过直角扣件与竖向桁架底部连接杆相连，如图 8-3-3 所示。

（5）安装第十一至第十三步架、三角臂及连墙件，顺序是：选择 1.5m 钢管作为顶部操作层横向水平杆，通过直角扣件安装在第十步外排纵向水平杆及竖向桁架顶部连接杆上方；安装第三层连墙杆，一端通过直角扣件与对应建筑物层扫地杆相连，另一端通过直角扣件与架体第九步外排纵向水平杆相连；选择相应长度钢管作为外排纵向水平杆，通过直角扣件将第十一至第十三步外排纵向水平杆安装在外排立杆内侧，相邻纵向水平杆间距不大于880mm；通过销轴将三角臂及刚性连墙件安装在竖向桁架对应位置，柔性连墙件需套入竖向桁架内立杆，拧紧螺栓，在提升前三角臂及连墙件均保持绕竖向桁架旋转90°，与架体长度方向平行，如图8-3-4所示。

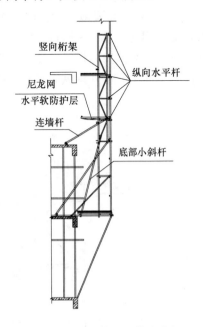

图8-3-3　安装第六至第十步架　　　　　图8-3-4　安装第十一至
　　　　　　　　　　　　　　　　　　　　　　　　第十三步架

（6）用18号镀锌铁丝，将密目安全网沿架体长度方向固定在外排纵向水平杆内侧，绑扎间距为300mm；在相邻架体分片处，每步架的密目安全网应系于架体端头立杆上，在提升前解除，到位后恢复；选用0.7～1m钢管作为分片处连接钢管，一端通过直角扣件与一片架体端头立杆相连，另一端通过旋转扣件与相邻架体端头立杆相连，保证架体上下各有一根，其余则均分，如图8-3-5所示。

2. 导向提升式外挂防护架的安装基本程序

在建筑外围进行现场安装，其安装步骤如下：

（1）根据专项施工方案平面图，确定安装架体的位置和纵向水平杆的尺寸。

（2）在楼板上埋设地锚环（离梁外边距离不小于1.5m，地锚环水平间距不大于2m），选用2～6m的钢管作为扫地杆；选择3.5～4m钢管作为挑杆，挑杆间距为1.8～2m；选择4m钢管作为辅助架斜撑杆，间距2m左右；选择与架体长度一致的钢管作为辅助架外排纵向水平连接杆（此杆件也是架体第一步外排纵向水平杆，确定每片防护架的位置），离墙间距1450mm；安装辅助架，利用辅助架为安装平台进行架体的安装，如图8-3-6所示。

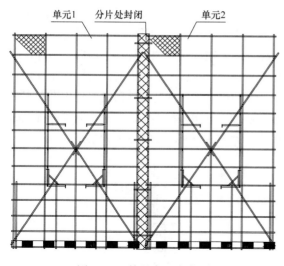

图 8-3-5 挂设密目安全网

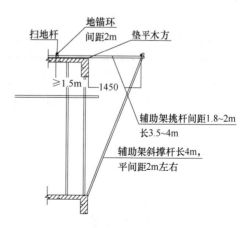

图 8-3-6 安装辅助架

（3）安装第一至第五步架，顺序是：通过直角扣件将中排及内排纵向水平杆分别安装在辅助架挑杆上，中排纵向水平杆距离建筑物边缘 1000mm，内排纵向水平杆距离建筑物边缘 150mm；选择 4.5m 及 6m 钢管作为外排立杆交错布置，选择 4m 及 6m 钢管作为内排立杆交错布置，用直角扣件将立杆连在内排纵向水平杆内侧及外排纵向水平杆外侧，选择相应长度钢管作为内、外排纵向水平杆，然后安装第二至第五步架，相邻纵向水平杆步距根据实际情况确定，不小于 850mm；安装第三步纵向水平杆后应安装连墙杆，一端通过直角扣件与对应建筑物层扫地杆相连，另一端通过直角扣件与架体第三步外排纵向水平杆相连；第五步纵向水平杆后应安装防倾剪力杆，一端通过直角扣件与对应建筑物层扫地杆相连，另一端通过直角扣件与架体第五步外排纵向水平杆相连；铺设底部脚手板或木方、九夹板，如图 8-3-7 所示。

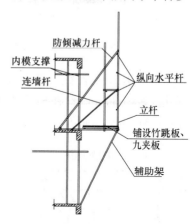

图 8-3-7 安装第一至第五步架

（4）安装第六至第十步架，顺序是：选择相应长度钢管作为内、外排纵向水平杆，安装第六步外排纵向水平杆，与第五步外排纵向水平杆间距 900mm；将导轨式桁架底节用起重设备（塔吊）吊至安装位置，用扣件将导轨式桁架底节的连接杆与架体的第五、六步纵向水平杆相连；导轨式桁架底节安装后应安装连墙杆，一端通过直角扣件与对应建筑物层扫地杆相连，另一端通过直角扣件与架体第六步外排纵向水平杆相连；选择 4.5m 及 6m 钢管作为外排立杆交错布置，选择 4m 及 2m 钢管作为内排立杆交错布置，通过对接扣件接长立杆；安装第七至第九步外排纵向水平杆及桁架底部、中部连接杆，相邻外排纵向水平杆间距为 900mm，每步纵向水平杆均位于导轨式桁架连接杆上方；将导轨式桁架标准节用起重设备（塔吊）吊至安装位置，通过螺栓将标准节连接在底节上；通过直角扣件将第十步外排纵向水平杆安装在外排立杆内侧，且位于导轨式桁架连接杆上方；选择 1.5m 钢管作为横向水平杆，通过直角扣件将水平尼龙网层及中间操作层横向水平杆安装在对应位置的纵向水平杆之上；选择 4m 钢管作为底部小斜杆，一端通过直角扣件与架体底部内排纵向水平杆相连，另一端通过直角扣件与竖向桁架底部连接杆相连，如图 8-3-8 所示。

（5）安装第十一至第十三步架，顺序是：选择 1.5m 钢管作为顶部操作层横向水平杆，通过直角扣件安装在第十步外排纵向水平杆及竖向桁架顶部连接杆上方；安装第三层连墙杆，一端通过直角扣件与对应建筑物层扫地杆相连，另一端通过直角扣件与架体第九步外排纵向水平杆相连；选择相应长度钢管作为外排纵向水平杆，通过直角扣件将第十一至第十三步外排纵向水平杆安装在外排立杆内侧，相邻纵向水平杆间距不大于 900mm，如图 8-3-9 所示。

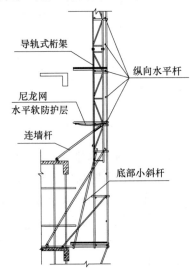

图 8-3-8　安装第六至第十步架

图 8-3-9　安装第十一至第十三步架

（6）用 18 号镀锌铁丝，将密目安全网沿架体长度方向固定在外排纵向水平杆内侧，绑扎间距为 300mm；在相邻架体分片处，每步架的密目安全网应系于架体端头立杆上，在提升前解除，到位后恢复；选用 0.7～1m 钢管作为分片处连接钢管，一端通过直角扣件与一片架体端头立杆相连，另一端通过旋转扣件与相邻架体端头立杆相连，保证架体上下各有一根，其余则均分，如图 8-3-10 所示。

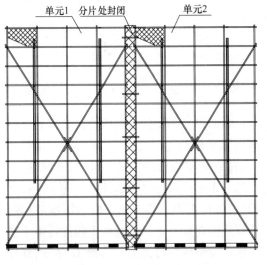

图 8-3-10　挂设密目安全网

二、外挂防护架的安装安全技术措施及注意事项

（一）安装安全技术措施

（1）根据《建筑施工工具式脚手架安全技术规范》（JGJ 202）规定，安装前，应根据工程特点和施工工艺要求确定专项施工方案，主要包括工程概况、编制依据、施工计划、施工工艺技术、施工安全保证措施、劳动力计划、计算书及相关图纸等七部分内容。

（2）根据《建筑施工工具式脚手架安全技术规范》（JGJ 202）规定，安装前，必须对施工管理人员和操作工人进行安全技术交底，主要包括外挂防护架安装时操作人员的安全注意事项等内容。

（3）辅助架的斜撑杆不能支撑于回填土上，必须支撑在可靠建筑结构上。

（4）安装过程中应统一指挥、协调作业，满足施工进度；一次安装高度不应超过相邻连墙件以上两个步距。

（5）确保架体的垂直度不能大于 5‰，水平度不能大于架体长度的 $l/150$。

（6）桁架与架体的连接应采用直角扣件，架体纵向水平杆应安装在桁架的连接杆上面。桁架安装位置与架体主节点的距离不得大于 300mm。

（7）每片架体桁架与桁架之间的距离，应控制在该片架体纵向水平杆长度的 40％～60％。桁架与纵向水平杆末端的距离应保持一致，如图 8-3-11 所示。

（8）连墙件应靠近主节点设置，偏离主节点的距离不应大于 300mm。

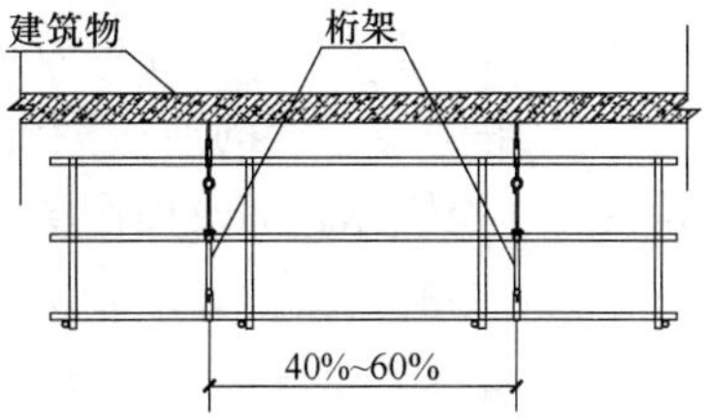

图 8-3-11 架体俯视示意图

（9）同一片架体相邻立杆的对接扣件应交错布置，在高度方向错开的距离不小于 500mm；各接头中心至主节点的距离不宜大于步距的 1/3。

（10）所有连接扣件的拧紧力矩必须达到 40～65N·m。

（11）在架体上进行电、气焊作业时，必须有防火措施和专人看守。

（12）施工现场临时用电线路在防护架上的架设，应按行业标准《施工现场临时用电安全技术规范》（JGJ 46）的有关规定执行。

（二）安装安全注意事项

（1）操作人员安装作业时，必须戴安全帽，穿防滑鞋，拴挂安全带并系于可靠结构上。

（2）遇有六级及以上大风和雾、雨、雪天气时，应停止安装作业。

（3）安装外挂防护架所需要的所有钢结构构件及材料，应符合相关规范要求。

（4）安装过程中，架体上不得集中超载堆放工程材料或残留建筑垃圾。

（5）严禁抛掷架体材料及钢结构构件。

（6）安装时必须设置安全标志和警示牌，并派专人看守，严禁非操作人员入内。

（7）夜间禁止安装作业。

三、外挂防护架提升基本程序

外挂防护架提升的基本程序，主要包括提升前准备工作和提升基本操作两部分内容。

（一）提升前准备工作

1. 操作单位

根据《建筑业企业资质标准》（建市〔2014〕159 号）要求，操作单位必须是具有建筑工程施工总承包资质或模板脚手架专业承包资质、施工劳务企业资质的企业。

2. 人员准备

（1）施工管理人员，必须熟悉外挂防护架施工工艺；（2）操作人员，根据《建筑施工扣件式钢管脚手架安全技术规范》（JGJ 130）规定，必须是经考核合格的专业架子工且应持证上岗。

3. 材料准备

准备两副等长、直径不小于 12.5mm 提升钢丝绳，两端穿成琵琶扣后交替使用。

（二）提升基本操作

1. 无轨提升式外挂防护架的提升安全操作

待混凝土初凝，轴心抗压强度达到 2MPa 后，由木模班组拆除边梁及剪力墙外边模，准备开始提升。提升时，按照"提升一片、固定一片、封闭一片"的原则进行，严禁提前拆除两片以上架体、分片处连接杆、立面及底部封闭设施。具体步骤及安全操作如下：

（1）安装完毕后首次提升

1）检查架体上有无建筑垃圾及可活动的材料阻碍提升，有无内模支撑材料阻碍提升；如有，必须清除完毕后才可以进行升架操作。

2）解除分片处的连接钢管直角扣件端的连接；解除分片处密目安全网一端的连接；拆除分片处架体底部及操作层封闭，并将拆除的封闭材料放置于建筑物内；解除分片处水平尼龙网层的连接，如图 8-3-12 所示。

3）将提升钢丝绳一端挂入起重设备（塔吊）吊钩，另一端穿过桁架顶端连接杆与架体的连接节点，并挂入起重设备（塔吊）吊钩，如图 8-3-13 所示。

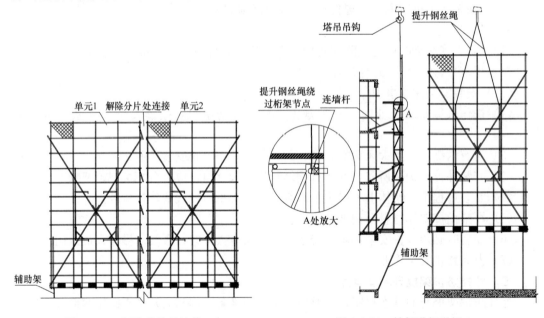

图 8-3-12 解除分片处连接　　　　图 8-3-13 挂提升钢丝绳

4）提升钢丝绳受力后，依次解除架体底部纵向水平杆与辅助架挑杆，底部外排纵向水平杆与辅助架斜撑杆的连接扣件，以及连墙件。三角臂、连墙件必须绕桁架旋转 90°，方可进行提升，如图 8-3-14 所示。

5）在塔吊指挥人员的指挥下，塔吊操作人员采用慢速（3.5m/min），将防护架提升一层楼高，三角臂及连墙件略高于预埋环 20cm，停下塔吊。操作工人站在建筑物内，辅助起重设备（塔吊）将三角臂挂入预埋环连接受力后，再将连墙件挂入预埋环进行连接，如图 8-3-15 所示。

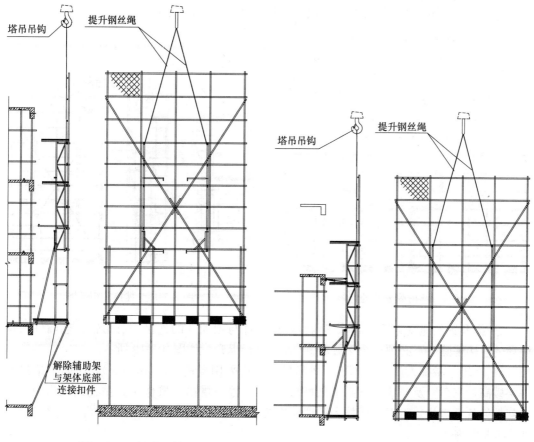

图 8-3-14　解除连接

图 8-3-15　提升到位

6）架体有效固定受力后，取下提升钢丝绳，恢复架体底部及操作层封闭，重新连接分片处连接钢管及密目安全网，完善正立面封闭，如图 8-3-16 所示。

7）重复以上步骤，完成每片架体的提升。

（2）第二、三次等依次提升

1）检查架体上有无建筑垃圾及可活动的材料阻碍提升，有无内模支撑材料阻碍提升；如有，必须清除完毕后才可以进行升架操作。

2）解除分片处的连接钢管直角扣件端的连接；解除分片处密目安全网一端的连接；拆除分片处架体底部及操作层封闭，并将拆除的封闭材料放置于建筑物内；解除分

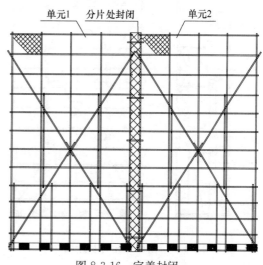

图 8-3-16　完善封闭

片处水平尼龙网层的连接，如图 8-3-17 所示。

3）将提升钢丝绳一端挂入起重设备（塔吊）吊钩，另一端穿过桁架顶端连接杆与架体的连接节点，并挂入起重设备（塔吊）吊钩，如图 8-3-18 所示。

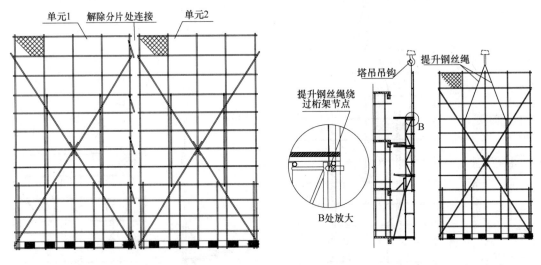

图 8-3-17　解除分片处连接　　　　　　　图 8-3-18　挂提升钢丝绳

4）提升钢丝绳受力后，解除三角臂及连墙件与预埋环的连接。三角臂、连墙件与预埋环的连接解除后，必须绕桁架旋转 90°方可进行提升，如图 8-3-19 所示。

5）在塔吊指挥人员的指挥下，塔吊操作人员采用慢速（3.5m/min），将防护架提升一层楼高，三角臂及连墙件略高于预埋环 20cm，停下塔吊。操作工人站在建筑物内，辅助起重设备（塔吊）将三角臂挂入预埋环连接受力后，再将连墙件挂入预埋环进行连接，如图 8-3-20 所示。

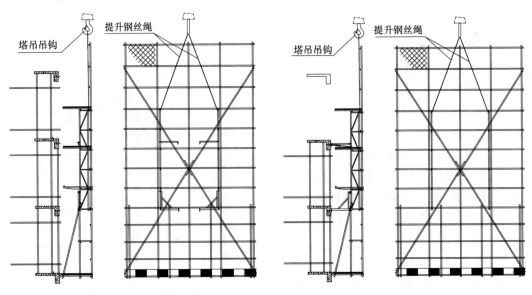

图 8-3-19　解除三角臂及连墙件　　　　　　图 8-3-20　提升到位

6）架体有效固定受力后，取下提升钢丝绳，恢复架体底部及操作层封闭，重新连接分片处连接钢管及密目安全网，完善正立面封闭，如图8-3-21所示。

7）重复以上步骤，完成每片架体的提升。

2. 导向提升式外挂防护架的提升安全操作规程

待施工层混凝土初凝，轴心抗压强度达到2MPa后，由木模班组拆除边梁及剪力墙外边模，准备开始提升，具体步骤及安全操作规程如下：

（1）安装完毕后首次提升

1）检查架体及桁架导轨上有无建筑垃圾及活动的材料阻碍提升，有无内模支撑材料阻碍提升；如有，必须清除完毕后才可以进行升架操作。

2）安装施工层及中间层三角臂，将三角臂的导向装置从导轨式桁架顶端滑入导轨至对应安装位置。将三角臂靠近建筑物端卡入预埋环中，用销轴把三角臂与预埋环连接，穿上开口销，如图8-3-22所示。

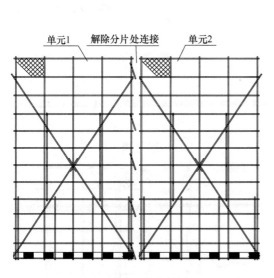

图8-3-21　完善封闭

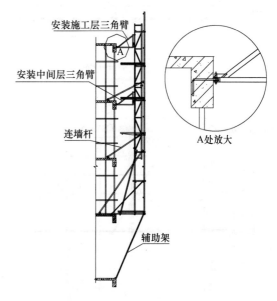

图8-3-22　安装三角臂

3）解除分片处的连接钢管直角扣件端的连接，解除分片处密目安全网一端的连接，拆除分片处架体底部及操作层封闭，并将拆除的封闭材料放置于建筑物内，解除分片处水平尼龙网层的连接，如图8-3-23所示。

4）将提升钢丝绳一端挂入起重设备（塔吊）吊钩，另一端穿过顶部操作层处导轨式桁架连接杆与架体的连接节点，并挂入起重设备（塔吊）吊钩，如图8-3-24所示。

5）提升钢丝绳受力后，依次解除架体底部纵向水平杆与辅助架挑杆，底部外排纵向水平杆与辅助架斜撑杆的连接扣件，以及连墙件，如图8-3-25所示。

6）在塔吊指挥人员的指挥下，塔吊操作人员采用慢速（3.5m/min），将防护架提升一层楼高，且导轨式桁架承重定位装置高于三角臂上承重定位销10cm时停下塔吊，将架体慢速下落至定位受力，如图8-3-26所示。

7）架体有效固定受力后，取下提升钢丝绳，恢复架体底部及操作层封闭，重新连接分片处连接钢管及密目安全网，完善正立面封闭，如图 8-3-27 所示。

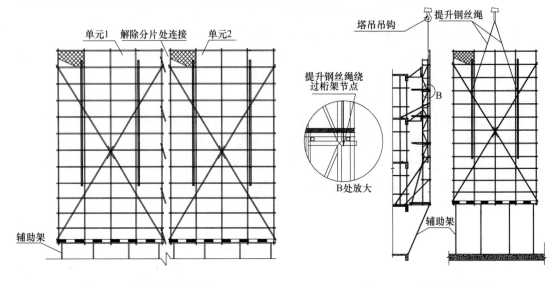

图 8-3-23　解除分片处连接　　　　　　图 8-3-24　挂提升钢丝绳

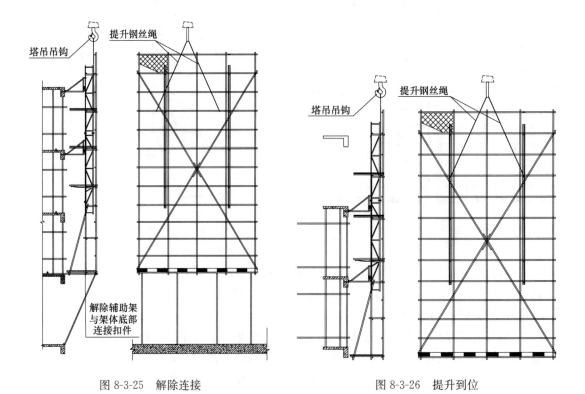

图 8-3-25　解除连接　　　　　　图 8-3-26　提升到位

8）重复以上步骤，完成每片防护架的步骤。

（2）第二、三次等依次提升

1）检查架体及桁架导轨上有无建筑垃圾及可活动的材料阻碍提升，有无内模支撑材料阻碍提升；如有，必须清除完毕后才可以进行升架操作。

2）安装施工层三角臂，将三角臂的导向装置从导轨式桁架顶端滑入导轨至对应安装位置；将三角臂靠近建筑物端卡入预埋环中，用销轴把三角臂与预埋环连接，穿上开口销，如图 8-3-28 所示。

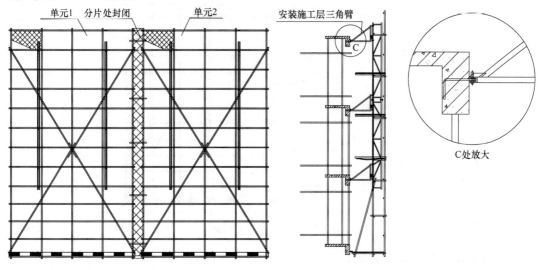

图 8-3-27　完善分片处的封闭　　　　　　　图 8-3-28　安装施工层三角臂

3）通过尼龙绳或钢丝绳，将底层三角臂与中间层三角臂进行连接，如图 8-3-29 所示。

4）解除分片处的连接钢管直角扣件端的连接，解除分片处密目安全网一端的连接，拆除分片处架体底部及操作层封闭，并将拆除的封闭材料放置于建筑物内，解除分片处水平尼龙网层的连接，如图 8-3-30 所示。

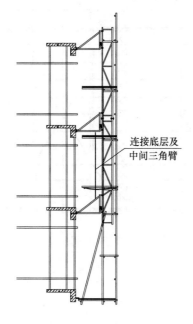

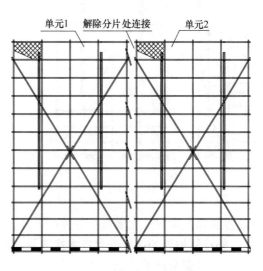

图 8-3-29　连接三角臂　　　　　　　　　　图 8-3-30　解除分片处连接

5）将提升钢丝绳一端挂入起重设备（塔吊）吊钩，另一端穿过顶部操作层处导轨式桁架连接杆与架体的连接节点，并挂入起重设备（塔吊）吊钩，如图 8-3-31 所示。

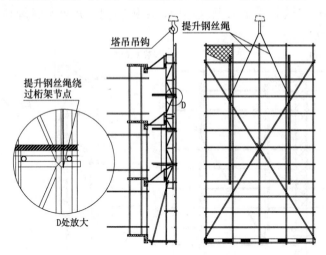

图 8-3-31　挂提升钢丝绳

6）在塔吊指挥人员的指挥下，塔吊操作人员采用慢速（3.5m/min），将防护架提升一层楼高，且导轨式桁架承重定位装置高于三角臂上承重定位销 10cm 时停下塔吊，将架体慢速下落至定位受力，如图 8-3-32 所示。

7）在架体有效固定受力后，取下提升钢丝绳，恢复架体底部及操作层封闭，重新连接分片处连接钢管及密目安全网，完善正立面封闭，拆除底层三角臂，如图 8-3-33 所示。

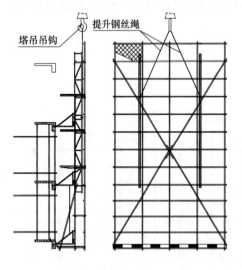

图 8-3-32　提升到位　　　　　　　　　　　图 8-3-33　完善封闭

8）重复以上步骤，完成每片架体的提升。

四、外挂防护架的提升安全技术措施及注意事项

（一）提升安全技术措施

主要是：1）当施工层混凝土轴心抗压强度达到 2MPa 时，才能提升。2）所有连接扣件拧紧力矩必须达到 40～65N·m。3）提升速度不得大于 3.5m/min。4）无轨提升式外挂防护架提升时，将刚性连墙件及三角臂从预埋环中取出后，必须绕桁架旋转 90°方可提升。

（二）提升安全注意事项

主要是：1）不得在提升钢丝绳受力前拆除连墙件。2）提升时，必须按照"提升一片、固定一片、封闭一片"的原则进行，严禁提前拆除两片以上的架体、分片处的连接杆、立面及底部封闭设施。3）无轨提升式外挂防护架到位时，必须将三角臂受力后才能连接连墙件；提升钢丝绳必须在三角臂、连墙件有效受力后才能松开。4）导向提升式外挂防护架提升前，必须先安装施工层三角臂，提升到位且架体有效受力固定后，才能松开塔吊钢丝绳。5）五级以上大风、雨、雪天气时，禁止提升。

五、外挂防护架的拆卸基本程序

外挂防护架的拆卸基本程序，包括拆卸前准备工作及拆卸基本操作。

（一）拆卸前准备工作

1. 拆卸单位

根据《建筑业企业资质标准》（建市［2014］159 号）要求，拆卸单位必须是具有建筑工程施工总承包资质或模板脚手架专业承包资质、施工劳务企业资质的企业。

2. 人员准备

（1）施工管理人员，必须熟悉外挂防护架施工工艺；（2）操作人员，根据《建筑施工扣件式钢管脚手架安全技术规范》（JGJ 130）规定，必须是经考核合格的专业架子工且应持证上岗；

3. 材料准备

准备两副等长、直径不小于 12.5mm 提升钢丝绳，两端穿成琵琶扣后交替使用。

（二）拆卸基本操作

建筑主体施工完毕后，用起重设备（塔吊）将外挂防护架分片吊运到地面进行拆卸。

1. 无轨提升式外挂防护架的拆卸基本操作

（1）检查架体上有无建筑垃圾及可活动的材料阻碍拆卸提升；如有，必须先清除完毕后才可以进行升架操作。

（2）解除分片处的连接钢管直角扣件端的连接；解除分片处密目安全网一端的连接；拆除分片处架体底部及操作层封闭，并将拆除的封闭材料放置于建筑物内；解除分片处水平尼龙网层的连接，如图 8-3-34 所示。

（3）将提升钢丝绳一端挂入起重设备（塔吊）吊钩，另一端穿过桁架顶端连接杆与架体的连接节点并挂入起重设备（塔吊）吊钩，如图 8-3-35 所示。

（4）提升钢丝绳受力后，解除三角臂及连墙件与预埋环的连接。三角臂、连墙件与预埋环的连接解除后，必须绕桁架旋转 90°方

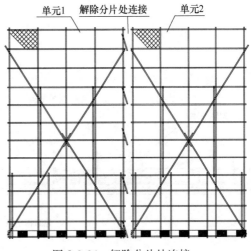

图 8-3-34　解除分片处连接

可进行拆卸提升，如图 8-3-36 所示。

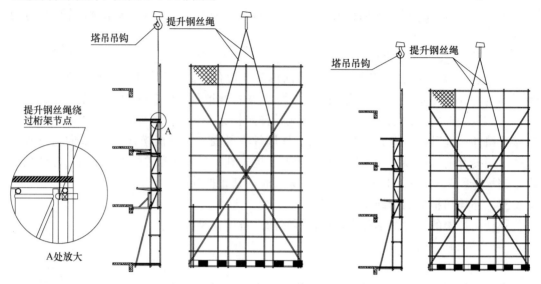

图 8-3-35　挂提升钢丝绳　　　　图 8-3-36　解除三角臂及连墙件

（5）在塔吊指挥人员的指挥下，塔吊操作人员采用慢速（3.5m/min），将防护架吊运至地面指定位置平放，如图 8-3-37 所示。

（6）取下提升钢丝绳，重复以上步骤，直至全部架体吊运至地面，然后对架体进行解体拆除。

2. 导向提升式外挂防护架的拆卸基本操作

（1）检查架体上有无建筑垃圾及可活动的材料阻碍拆卸提升；如有，必须清除完毕后才可以进行升架操作。

（2）解除分片处的连接钢管直角扣件端的连接；解除分片处密目安全网一端的连接；拆除分片处架体底部及操作层封闭，并将拆除的封闭材料放置于建筑物内；解除分片处水平尼龙网层的连接，如图 8-3-38 所示。

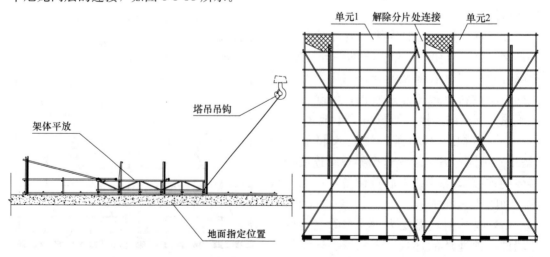

图 8-3-37　吊运至地面指定位置　　　　图 8-3-38　解除分片处连接

（3）用铁丝将三角臂绑扎于导轨式桁架上。

（4）将提升钢丝绳一端挂入起重设备（塔吊）吊钩，另一端穿过顶部操作层处导轨式桁架连接杆与架体的连接节点，并挂入起重设备（塔吊）吊钩，如图 8-3-39 所示。

（5）提升钢丝绳受力后，操作人员站在建筑物内或相邻架体上，取出该片防护架三角臂与预埋环的连接销轴，如图 8-3-40 所示。

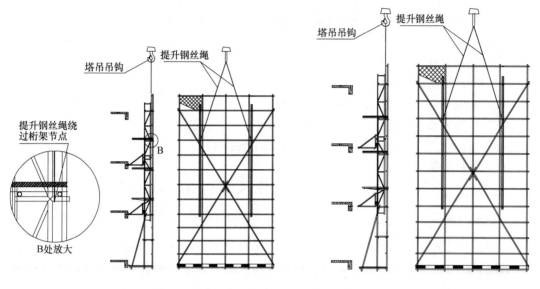

图 8-3-39　挂提升钢丝绳　　　　　　　图 8-3-40　解除三角臂与预埋环的连接

（6）在塔吊指挥人员的指挥下，塔吊操作人员采用慢速（3.5m/min），将防护架吊运至地面指定位置平放，如图 8-3-41 所示。

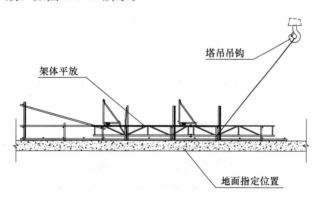

图 8-3-41　吊运至地面指定位置

六、外挂防护架的拆卸安全技术措施及注意事项

（一）拆卸安全技术措施

主要是：（1）拆卸前，拆卸单位应对拆卸作业人员进行安全技术交底，主要包括外挂防护架拆卸时操作人员的安全注意事项等内容。（2）起重设备（塔吊）钢丝绳受力后，才

能拆除三角臂和连墙件。（3）起重设备（塔吊）吊运速度不大于3.5m/min。

（二）拆卸安全注意事项

主要是：（1）拆卸前，在架体及吊运路线正下方设置安全醒目标识，操作人员应清除防护架上杂物及地面障碍物。（2）当外挂防护架向下吊运时，操作人员必须站在建筑物内或相邻的架体上，严禁站在该片架体上操作。（3）拆卸的桁架应平放于地面。（4）拆卸后的杆件应分类堆码，不得随意乱丢。（5）夜间禁止拆卸作业。

七、外挂防护架的安装、提升和拆卸过程中常见问题的处理

外挂防护架在施工过程中可能会出现的常见问题，包括安装、提升和拆卸过程三部分的问题。具体处理方式如下：

（一）安装过程中常见问题的处理

（1）辅助架安装平台安装不水平时，需采用水平管找平。

（2）桁架安装不垂直时，需采用吊线修正。

（3）纵向水平杆安装不水平时，需采用水平管找平。

（4）立杆安装不垂直时，需采用吊线修正。

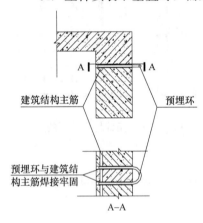

图 8-3-42　预埋环补救示意图

（5）钢管尺寸偏差导致架体分片处距离不符合规范要求时，应在分片处密目安全网内增设尼龙网加强防护。

（6）预埋环埋设位置左右偏差大于50mm或漏埋时，应在建筑结构上准确位置处重新钻孔至主筋位置，将预埋环与主筋焊接牢固，如图8-3-42所示。

（二）提升、拆卸过程中常见问题的处理

（1）三角臂、连墙件与建筑物连接处被建筑垃圾堵塞，应先清除堵塞，再用起重设备（塔吊）对架体进行提升或吊运至地面拆卸。

（2）遇五级以上大风、雨、雪天气时，应立即停止提升或拆卸吊运工作。

第四节　外挂防护架施工使用前的验收

一、外挂防护架施工使用前的验收组织

根据《建设工程安全生产管理条例》第35条规定："使用承租的机械设备和施工机具及配件的，由施工总承包单位、分包单位、出租单位和安装单位共同进行验收。验收合格的方可使用。"根据以上规定，外挂防护架在使用前应经过施工总承包单位、分包单位、租赁单位和安拆单位、监理单位共同进行验收。未经验收或验收不合格的外挂防护架，不得使用。

二、外挂防护架施工使用前的验收内容

外挂防护架在使用前，由施工总承包单位组织分包单位、监理单位、租赁单位和安拆单位组成验收小组，对外挂防护架进行逐项验收。具体验收内容见表8-4-1及表8-4-2。

无轨提升式外挂防护架安装及使用验收表   表 8-4-1

工程名称			结构形式	
建筑面积			点位情况	
总包单位			项目经理	
租赁单位			项目经理	
安拆单位			项目经理	

序号	检查项目		检查标准	检查结果
1	保证项目	钢结构构件	桁架安装部位满足要求，工人可以在建筑室内或相邻架体上操作	
			连墙件、三角臂与预埋件连接可靠	
			桁架、三角臂、连墙件无明显变形	
2		封闭情况	架体分片处距离不大于 200mm	
			底部封闭不得有大于 20mm 的孔洞	
			架体分片处底部采用 20mm 厚模板下加 60mm 厚以上的木方作加强筋	
3		提升钢丝绳	钢丝绳规格型号符合产品说明书要求	
			钢丝绳无断丝、断股、松股、硬弯、锈蚀，无油污和附着物	
			钢丝绳的安装部位满足产品说明书要求	
4	一般项目	技术资料	防护架安装和施工组织方案	
			安装、操作人员的资格证书	
			技术交底资料、预埋件的隐蔽验收记录	
			产品标牌内容完整（产品名称、制造日期、制造厂名称）	
5		防 护	施工现场安全防护措施落实，划定安全区，设置安全警示标识	

验收结论				
验收人签字	总包单位	分包单位	租赁单位	安拆单位

监理单位验收：

符合验收程序，同意使用   （   ）

不符合验收程序，重新组织验收   （   ）

监理单位（签字）：   年   月   日

注：本表由施工单位填报，监理单位、施工单位、租赁单位、安拆单位各存一份。

导向提升式外挂防护架安装及使用验收表　　　　　　表 8-4-2

工程名称				结构形式	
建筑面积				点位情况	
总包单位				项目经理	
租赁单位				项目经理	
安拆单位				项目经理	
序号	检查项目		检查标准		检查结果
1	保证项目	钢结构构件	桁架安装部位满足要求，工人可以在建筑室内或相邻架体上操作		
			三角臂与桁架及预埋件连接可靠		
			桁架、三角臂无明显变形		
2		封闭情况	架体分片处距离不大于 200mm		
			底部封闭不得有大于 20mm 的孔洞		
			架体分片处底部采用 20mm 厚模板下加 60mm 厚以上的木方作加强筋		
3		提升钢丝绳	钢丝绳规格型号符合产品说明书要求		
			钢丝绳无断丝、断股、松股、硬弯、锈蚀，无油污和附着物		
			钢丝绳的安装部位满足产品说明书要求		
4	一般项目	技术资料	防护架安装和施工组织方案		
			安装、操作人员的资格证书		
			技术交底资料、预埋件的隐蔽验收记录		
			产品标牌内容完整（产品名称、制造日期、制造厂名称）		
5		防护	施工现场安全防护措施落实，划定安全区，设置安全警示标识		
验收结论					
验收人签字	总包单位		分包单位	租赁单位	安拆单位
监理单位验收：符合验收程序，同意使用 （ ）不符合验收程序，重新组织验收 （ ）监理单位（签字）：　　　　　　　　　　　　　　　年　　月　　日					

注：本表由施工单位填报，监理单位、施工单位、租赁单位、安拆单位各存一份。

第五节　外挂防护架的施工作业安全管理

一、外挂防护架施工作业现场的危险源辨识及应对措施

建筑施工过程和工作环境的多变性以及操作人员繁重体力劳动、素质参差不齐等因素，决定了施工现场存在着一些危险源，操作人员应懂得施工现场的危险源辨识及应对措施。

（一）安装、使用、提升、拆除过程的危险源辨识及应对措施

外挂防护架安装、使用、提升、拆卸过程中的危险源辨识及应对措施，具体见表 8-5-1。

外挂防护架安装、使用、提升、拆卸危险源辨识及应对措施表　　　表 8-5-1

序号	作业内容	危险源	应对措施	可能导致的事故
1	资质	安拆单位不具备建筑工程施工总承包资质或模板脚手架专业承包资质、施工劳务企业资质。	更换安拆单位	所有事故
2		操作人员无普通脚手架架子工操作证	更换操作人员	
3	人员操作	立杆的接头间隔不符合规范要求	重新安装立杆	高处坠落、坍塌、机械伤害
4		架体杆件端部扣件盖板边缘至杆端距离不应小于 100mm	重新安装架体杆件	
5		操作人员不执行相关规范、方案及安全操作规程	更换操作人员	
6		架体没有设置挡脚板	加设挡脚板	高处坠落
7		竹跳板绑扎不牢固	重新绑扎牢固	
8		操作人员作业时间过长，体力下降	休息、恢复体力后再作业	
9		操作人员视力不好	更换操作人员	
10		有心脏病、高血压的操作人员进行作业	禁止作业	
11		酒后作业	禁止作业	
12		提升前未清理架体上的垃圾及活动物体	清理后方可提升	
13		提升时，操作人员处在该片架体上	应处在相邻架体上或建筑物内	
14		架体与建筑物的间隙过大	立即完善封闭	
15		提升时施工层混凝土轴心抗压强度未达到 2MPa	达到 2MPa 后再提升	
16		连墙件的设置不符合安全使用要求	重新设置连墙件	
17		不配戴或不正确配戴及使用安全防护用具	立即正确佩戴使用	
18		安全带未定期检查	定期检查	
19		提升、吊运和拆除时，无塔吊信号指挥工指挥吊装作业	必须配备塔吊信号指挥工	坍塌
20		无轨提升式外挂防护架提升钢丝绳未受力，拆除三角臂、连墙件	提升钢丝绳受力后方可拆除三角臂、连墙件	
21		无轨提升式外挂防护架提升到位后，三角臂、连墙件未受力松开提升钢丝绳	三角臂、连墙件受力后方可松开提升钢丝绳	
22		导向提升式外挂防护架提升到位后，三角臂未受力松开提升钢丝绳	三角臂受力后方可松开提升钢丝绳	
23		架体上堆码集中荷载大于 0.8kN/m²	立即清理	
24		扣件螺栓拧紧力矩未达到安全要求	重新拧紧至 40～65N·m	
25		操作人员作业没有配备工具袋	立即配备	物体打击
26		安装、提升及拆除外挂防护架时，架体下方有人员通行	派专人看守，严禁人员进入	
27		安装、拆除时无安全标志和警示牌	应设置安全标志和警示牌	
28		安全帽未定期检查	定期检查	

（二）施工现场环境的危险源辨识及应对措施

施工现场环境的危险源辨识及应对措施，主要同施工现场的自然环境、天气等紧密相关，具体见表 8-5-2。

外挂防护架工程施工现场环境的危险源辨识及应对措施表　　　　表 8-5-2

序号	作业内容	危险源	措施	可能导致的事故
1	施工现场环境	夏天高温（40℃以上）室外作业	禁止作业	中暑
2		六级以上大风、大雨天搭拆外挂防护架	禁止搭拆	高处坠落、坍塌
3		五级以上大风、大雨天提升外挂防护架	禁止提升	
4		夜间施工	禁止施工	高处坠落

（三）设备自身的危险源辨识及应对措施

设备自身的危险源辨识及应对措施，主要有钢结构件及架体材料两个方面，具体见表 8-5-3。

设备自身危险源辨识及应对措施表　　　　表 8-5-3

序号	作业内容	危险源	措施	可能导致的事故
1	钢结构件	钢结构件明显变形、焊缝出现开裂	立即更换或修复	坍塌、机械伤害
2	架体材料	扣件不符合国家规范标准要求	立即更换	
3		钢管对焊后安装架体	立即更换	
4		钢管不符合国家规范标准要求	立即更换	
5		预埋环材质、尺寸不符合规范及方案要求	立即更换	
6		架体底部小斜杆未按方案设置	立即设置	
7		密目安全网有破坏	修补或更换	高处坠落、物体打击
8		架体底部分片处封闭未设置 3 根厚度不低于 60mm 木方作为加强筋	立即设置	

二、外挂防护架施工作业现场的应急处置

为了贯彻"安全第一，预防为主，综合治理"的方针，按照"常备不懈、统一指挥、高效协调"的原则，为广大员工在施工场区创造更好的安全施工环境，应成立应急救援小组。

应急救援小组应保证各种应急资源处于良好的备战状态，指导应急行动按计划有序进行，防止因应急行动组织不力或现场救援工作的无序和混乱而延误事故的应急救援，有效避免或降低人员的伤亡和财产损失。救助应当实现应急行动的快速、有序、高效，充分体现应急救援的"应急精神"。应急救援小组的组长由项目部的项目经理担任，副组长应由项目部安全员担任，组员由项目部电工组、架子工组、木工组所组成。

（1）事故发生初期，事故现场人员应积极采取应急自救措施，同时启动施工现场应急救援预案，实施现场抢险，防止事故的扩大。

（2）安全事故应急救援预案启动后，应急救援小组立即投入运作，组长及各成员应迅速到位履行职责，及时组织实施相应事故应急救援预案，并随时将事故抢险情况报告上级。物资部、机电队等部门应尽快恢复被损坏的道路、水电、通信等有关设施，确保应急救援工作的顺利开展。

（3）事故发生后，应在第一时间里抢救受伤人员，这是抢险救援的重中之重。保卫部门应加强对事故现场安全保卫、治安管理和交通疏导工作，预防和制止各种破坏活动，维护社会治安，对肇事者等有关人员应采取监控措施防止逃逸。

（4）当有重伤人员出现时，救援小组应及时提供救护所需药品，利用现有医疗设施抢救伤员，同时拨打急救电话120呼叫医疗援助。其他相关部门应做好抢救配合工作。

（5）事故报告。重大安全事故发生后，事故单位或当事人必须将所发生的重大安全事故情况报告相关监管部门：1）发生事故的单位、时间、地点、位置；2）事故类型（坍塌、坠落、机械伤害等）；3）伤亡情况及事故直接经济损失的初步评估；4）事故涉及的危险材料性质、数量；5）事故发展趋势、可能影响的范围，现场人员和附近人口分布；6）事故的初步原因判断；7）采取的应急抢救措施；8）需要有关部门和单位协助救援抢险的事宜；9）事故的报告时间、报告单位、报告人及电话联络方式。

（6）事故现场保护。重特大安全事故发生后，事故发生地和有关单位必须严格保护事故现场，并迅速采取必要措施抢救人员和财产。因抢救伤员、防止事故扩大以及疏通交通等原因需要移动现场物件时，必须做出标志、拍照，详细记录和绘制事故现场图，并妥善保存现场重要痕迹、物证等。

三、外挂防护架施工作业前安全教育培训的主要内容

在外挂防护架工程施工作业前，应对操作人员进行安全教育培训，预防由不正确操作而导致的事故发生。

（一）施工作业前安全教育培训的主要对象及方式

施工作业前，必须对全体操作人员以会议等形式进行安全教育培训，并进行登记存档。

（二）施工作业前安全教育培训的主要内容

安全教育培训的内容主要包括三个方面：（1）安全防护用品的配备及使用要求；（2）安全操作须知；（3）紧急情况时的应急处置措施。

1. 安全防护用品的配备及使用要求

主要是：（1）操作人员临边作业时，必须戴安全帽、穿防滑鞋，拴挂安全带并系于可靠结构上。（2）操作人员作业必须配备工具袋。

2. 安全操作须知

主要是：（1）雨、雪后上架作业前应有防滑措施，并应扫除防护架上的积雪。（2）在防护架上进行电、气焊作业时，必须有防火措施和专人看守。（3）首次提升时，必须在起重设备（塔吊）受力后，先解除架体与辅助架的连接扣件、连墙杆之后方能提升。（4）发现有人违章操作时，应立即制止并上报。（5）从准备提升到提升到位交付使用前，除操作人员以外的其他人员不得从事临边垂直交叉作业。（6）操作人员作业时间过长、体力下降时必须停止作业，待休息恢复体力后再进行。（7）有心脏病、高血压的操作人员不得进行作业。（8）操作人员饮酒后禁止上架作业。（9）操作人员必须持证上岗。（10）架体提升时，严禁操作人员在该片架体上作业。

3. 紧急情况时的应急处置措施

事故应急救援工作应在应急救援小组组长的统一领导下，由项目部、安全部与相关部

门分工合作、密切配合，迅速、高效、有序地展开。

第六节　外挂防护架的施工现场日常检查和维修保养

一、外挂防护架日常检查、维修保养的内容和方法

为确保外挂防护架的正常使用，在使用过程中必须进行日常检查、维修保养，消除安全隐患，防止安全事故的发生。具体内容如下：

（1）检查架体与建筑物的连接是否可靠；发现问题时，必须在塔吊信号指挥人员指挥下，利用起重设备（塔吊）进行吊装恢复。

（2）检查架体是否变形；发现变形时，必须采取相应措施进行修正。

（3）检查并通过卷尺测量架体偏斜是否偏斜；发现偏斜时，必须在塔吊信号指挥工指挥下，利用起重设备（塔吊）进行吊装恢复。

（4）检查架体底部、底部分片处封闭是否严密；发现不严密时，必须及时采取措施封闭严密。

（5）检查架体正立面及分片处密目安全网是否完好；发现有破损时，必须及时更换。

（6）检查外挂防护架钢结构构件是否变形，焊缝是否开裂；发现有变形及焊缝开裂时，立即对架体做好临时加固措施，修复或更换钢结构构件。

（7）检查各钢结构构件间连接是否可靠；发现不可靠时，立即恢复。

（8）检查并通过卷尺测量预埋环的埋设是否满足使用要求；发现不满足时，必须立即调整埋设位置或加设预埋环。

（9）检查架体上是否有集中堆码材料、建筑垃圾等导致超载；发现有时，必须及时清理。

（10）检查桁架导轨上是否有阻碍架体提升的障碍物；发现有时，必须及时清理。

（11）用扭力扳手检查架体上所有扣件紧固程度是否满足要求；发现不满足时，应及时拧紧达到 $40\sim65N\cdot m$。

（12）检查提升钢丝绳有无断丝、断股、松股、硬弯、锈蚀等情况；如有，应及时更换。

（13）提升钢丝绳要做好防潮处理，防止与尖锐物接触。

（14）定期对导向式外挂防护架桁架导轨施以润滑，确保提升顺畅。

二、外挂防护架日常维修保养的注意事项

（1）钢结构构件需要焊接维修时，应由持有焊工合格证的技术熟练工人，在具有钢结构加工经验的技术人员指导下完成，严禁无证上岗或随意操作。

（2）在对架体偏斜进行调正，底部、正立面完善封闭，更换变形杆件时，操作人员必须持证上岗。

（3）操作人员上架作业时，必须戴安全帽、穿防滑鞋，拴挂安全带并系于可靠结构上。

编　后　语

　　本书的编写工作，主要由北京韬盛科技发展有限公司、申锡机械有限公司、高空机械工程技术研究院有限公司、北京星河人施工技术有限责任公司、陕西蓝谱科技发展有限公司、重庆安谐建筑脚手架有限公司等选派专家参与完成。

　　北京韬盛科技发展有限公司于 2007 年成立，是一家专注于建筑工程支撑体系及安全防护标准化成套技术、智能化高端建筑机械与安全技术研究和应用的高新技术企业，拥有一支由 400 余名经验丰富、技术过硬的专业技术人员及行业专家组成的管理团队。该公司已获 19 项国家专利，形成了以附着式升降脚手架、集成式升降操作平台、集成式电动爬升模板系统、铝合金模板、新型插接脚手架、带荷载报警爬升料台等为主导的系列产品，具有附着式升降脚手架专业承包一级资质和相应的建筑机械租赁资质。

　　申锡机械有限公司成立于 1988 年，是我国最早研发和制造高处作业吊篮的企业之一，目前产品畅销世界 80 多个国家。该公司是国家标准《高处作业吊篮》、《擦窗机》和行业标准《建筑施工工具式脚手架安全技术规范》等的起草单位或参编单位，并拥有博士后工作站和职业技能鉴定站。该公司连续 16 年荣获全国满意产品称号，曾多次被有关行业协会评价为综合实力行业第一。2008 年～2012 年该公司耗时近 4 年，在美国打赢了一场所谓吊篮核心部件外观侵权的官司，完胜同国际行业巨头 TRACTEL 公司的知识产权诉讼案，在国内外引起了较大反响。

　　高空机械工程技术研究院有限公司是在国家工商总局登记注册的独立法人单位，是我国从事高空机械技术研发和工程施工安全管理的专门研究机构。该院专业技术力量雄厚，汇集了国内众多资深专家及骨干技术人才，主要从事高新技术与产品研发、施工安全与管理技术研究、专业技术培训和高空机械设备检验检测等。该院所属的无锡安高检测有限公司是具有国家计量认证（CMA）证书的全国首家高处作业吊篮专业检测机构。

　　北京星河模板脚手架工程有限公司由北京星河金鼎科技发展有限公司与香港浩力企业有限责任公司于 1994 年合资成立，是一家专业从事建筑模板、脚手架、爬架、爬模、施工平台等产品研制开发的高新技术企业。1997 年，由该公司内部职工参股成立的兄弟企业北京星河人施工技术有限责任公司，是专门从事爬架、爬模等工程施工机具的开发、生产、销售、租赁及专项工程承包的高新技术企业，具有附着升降脚手架专业承包一级资质。该公司 1998 年率先在同行业中通过了 ISO 9000 质量体系认证，以附着式电动施工平台、脚手架、桥梁模板、房建模板及支撑体系、爬架、爬模为主导产品，其生产技术和市场占有率均居国内领先地位。2008 年，该公司与西班牙瑞莎金融集团合资，引进技术，吸收、消化和再创新后生产出附着式电动施工平台，适用于各种建筑外墙（包括玻璃幕墙、烟筒、桥梁和大坝等）施工、装饰、砌筑、清洁和维护。该产品 2009 年通过住房城乡建设部科技成果评估，被列为全国建设行业科技成果推广项目并获多项国家专利。

　　陕西蓝谱科技发展有限公司成立于 2012 年，是一家专业的建筑施工工具研发及安全防护制作的科技型企业。该公司拥有附着升降脚手架专业承包一级资质、安全生产许可证、产品准用证等。其自主研制的具有知识产权的组合式施工防护平台、自动升降料台、升降楼梯、爬模、高空施工车间等主要产品，经国家建筑工程质量监督检验中心检验，各项性能参数完全符合国家标准要求；组合式施工升降防护平台、自动升降卸料平台、升降楼梯通过了住房城乡建设部组织的专家组验收，达到了国内同类产品的领先水平，推广应用价值很大。

重庆安谐建筑脚手架有限公司成立于 2008 年，主要从事各类建筑脚手架的技术研发、销售、租赁，特别是专注于建筑脚手架工具化的研发，拥有 20 多项专利。该公司已完成上千栋高层建筑主体施工阶段的安全防护，未发生任何施工生产安全事故，还参与了行业标准《建筑施工工具式脚手架安全技术规范》、重庆市地方标准《建筑主体施工 FJ 型专用防护架安全技术规程》及《轻型斜拉式脚手架安全技术规程》等编制工作。

本书在编写过程中还得到了山西省建筑工程技术学校的大力支持和帮助。在此，对于上述企业及科研教育机构表示衷心的感谢！

《高处施工机械设施安全实操手册》编委会

2015 年 12 月